U0395236

高素质农民培育
——系列读物——

浅埋滴灌
水肥一体化技术

张玉珠　陶　杰　常国有　主编

中国农业出版社

北　京

主　编　张玉珠　陶　杰　常国有

副主编　高欣梅　温　丽　徐兴健　梁蕊芳

　　　　冯建军

编　者（以姓氏笔画为序）

王　莹	王　娟	王　葳	王秀荣
王英杰	王洪宇	王雅君	王靖宇
乌日力格	石海波	田　云	包九月
包文海	包桂荣	冯建军	吕晓柔
刘　环	刘玉桩	孙天奇	孙乌日娜
苏　晨	李乌日吉木斯		李志鑫
李晓华	李翠香	吴玉荣	吴素利
余　娜	沈承研	初梦舟	张玉珠
张玉琴	张丽清	张连奎	张明伟
张翠英	陈亚男	岳明强	金　玉
赵风芝	赵海福	侯建鸿	聂云霞
柴如春	徐兴健	高欣梅	郭小东
郭龙玉	陶　杰	常国有	康丽平
梁蕊芳	韩图雅	温　丽	谢凤才
福　英			

    "手中有粮，心中不慌"，保障国家粮食安全任何时候都不能放松。但生产足够的粮食就要有足够的资源，而土地资源和水资源是影响粮食安全的两大刚性约束。据中国水资源公报，我国 2021 年水资源总量为 29 638 亿米^3，而我国人均水资源占有量仅约为世界人均水资源占有量的 1/4，水资源短缺已经成为制约 21 世纪我国农业发展的一个极为重要的因素。"水是生命之源"，水同样也是一切农作物生长的基本条件，农作物在整个生长期中都离不开水，没有水就相当于没有农业。2020 年，我国农田有效灌溉面积达到 10.37 亿亩，占全国耕地面积的 54%，这些农田在灌溉条件下通过高产栽培等综合技术措施获得了粮食和经济作物产量的提高。

    要保障粮食生产完全稳定就要稳步扩大农田灌溉面积，这就要求必须有足够的农业水资源，然而现实是农业不可能长期维持用水第一的地位，未来的农业用水只能是零增长或负增长，用水量是不能增加的。因此，这就要求在灌溉方式和节水技术上不断寻求突破，改变过去的大水漫灌，在提高水的利用效率、减少水的浪费上不断探索新方式，从而达到扩大灌溉面积、提高粮食产量的目的。

浅埋滴灌水肥一体化技术由膜下滴灌水肥一体化技术发展而来，既实现了节水、节肥、节药、高产、高效，又解决了因地膜覆盖而加重的白色污染问题。本书重点讲解了浅埋滴灌水肥一体化在应用中的技术节点，为广大农民朋友在应用此项技术时提供参考和指导。

因编者水平有限，文中尚存在不足之处，敬请专家读者批评指正。

编　者

2022 年 5 月

目　录
CONTENTS

前言

第一章　浅埋滴灌水肥一体化技术发展概况 ·················· 1

第一节　水肥一体化技术发展概况 ····················· 1

一、水肥一体化技术概念 ······················· 1

二、国外水肥一体化技术的发展历史 ············· 1

三、我国水肥一体化技术的发展概况 ············· 4

第二节　浅埋滴灌水肥一体化技术在我国的发展过程 ····· 6

一、浅埋滴灌水肥一体化技术的基本概念 ········· 6

二、浅埋滴灌水肥一体化技术的发展过程 ········· 6

三、浅埋滴灌水肥一体化技术的发展前景 ········· 7

第三节　浅埋滴灌水肥一体化技术的优缺点 ··········· 7

一、浅埋滴灌水肥一体化技术的优点 ············· 7

二、浅埋滴灌水肥一体化技术的缺点 ············· 9

第二章　浅埋滴灌水肥一体化技术应用的设备 ·················· 11

第一节　首部控制枢纽 ····························· 11

一、加压设备 ······························· 11

二、过滤设备 ······························· 12

三、施肥设备 …… 17

第二节　田间输配水管道 …… 20

一、主管 …… 21

二、支管 …… 21

三、毛管（滴灌带） …… 21

第三节　连接部件 …… 28

一、阀门 …… 28

二、四通件、三通件 …… 28

三、直通件 …… 29

四、常用的公称外径 16 毫米配件 …… 30

五、其他配件 …… 32

第三章　浅埋滴灌水肥一体化技术田间设计 …… 34

一、准备工作 …… 34

二、设计原则 …… 34

三、设计实例 …… 35

第四章　浅埋滴灌水肥一体化技术种植模式 …… 41

第一节　平播宽窄行种植模式 …… 41

一、适合土壤质地及特点 …… 41

二、整地措施 …… 41

第二节　起垄宽窄行种植模式 …… 42

第三节　免耕配套浅埋滴灌宽窄行种植模式 …… 44

第四节　宽窄行轮休种植模式 …… 44

第五章　水肥一体化中常用的肥料 …… 47

第一节　氮肥 …… 47

一、铵（氨）态氮肥 …… 47

二、硝态氮肥 ……………………………………… 51

三、硝铵态氮肥 …………………………………… 51

四、酰胺态氮肥 …………………………………… 52

第二节 磷肥 ………………………………………… 53

一、过磷酸钙 ……………………………………… 54

二、重过磷酸钙 …………………………………… 56

第三节 钾肥 ………………………………………… 57

一、硫酸钾 ………………………………………… 58

二、氯化钾 ………………………………………… 59

第四节 大量元素水溶肥 …………………………… 59

第五节 中量元素水溶肥 …………………………… 62

第六节 微量元素水溶肥 …………………………… 63

第七节 含腐殖酸水溶肥 …………………………… 64

第八节 含氨基酸水溶肥 …………………………… 65

第六章 浅埋滴灌水肥一体化技术在作物上的应用 …… 67

第一节 玉米浅埋滴灌水肥一体化栽培技术 …………… 67

一、选地与整地 …………………………………… 67

二、种子选择及处理 ……………………………… 67

三、播种 …………………………………………… 68

四、管道铺设与连接 ……………………………… 69

五、田间管理 ……………………………………… 69

六、病虫草害防治 ………………………………… 71

七、适时收获 ……………………………………… 73

第二节 高粱浅埋滴灌水肥一体化栽培技术 ………… 74

一、整地 …………………………………………… 74

二、选种、播种 …………………………………… 74

三、管道铺设与连接 ……………………………… 75

四、田间管理 …………………………………………… 75

五、病虫害防治 ………………………………………… 76

六、收获 ………………………………………………… 76

第三节　小麦复种荞麦浅埋滴灌水肥一体化栽培技术 ……… 76

一、小麦复种荞麦种植方式及接茬时间 ………………… 76

二、小麦主要栽培技术 …………………………………… 77

三、荞麦主要栽培技术 …………………………………… 79

第四节　马铃薯浅埋滴灌水肥一体化栽培技术 …………… 80

一、选地与整地 ………………………………………… 80

二、种薯选择及处理 …………………………………… 81

三、播种 ………………………………………………… 82

四、管道铺设与连接 …………………………………… 83

五、田间管理 …………………………………………… 83

六、病虫草害防治 ……………………………………… 85

七、适时收获 …………………………………………… 86

第五节　大白菜浅埋滴灌水肥一体化栽培技术 …………… 87

一、选地与整地 ………………………………………… 87

二、品种选择 …………………………………………… 87

三、播种 ………………………………………………… 87

四、管道铺设与连接 …………………………………… 88

五、田间管理 …………………………………………… 88

六、病虫草害防治 ……………………………………… 90

七、适时收获 …………………………………………… 91

第一章

浅埋滴灌水肥一体化技术发展概况

第一节 水肥一体化技术发展概况

一、水肥一体化技术概念

水肥一体化技术是水和肥同步供应的一项农业应用技术，它是根据土壤养分含量和作物的需肥规律和特点，以及作物根系可耐受肥液浓度，将可溶性固体或液体肥料稀释配制成的肥液，借助压力系统，与水一起灌溉，均匀、定时、定量输送到作物根系生长发育区域的技术。该技术充分利用可控管道系统供水、供肥，通过管道和滴头形成滴灌，使水肥相融后，根据不同作物和作物不同生育期的水肥需求特点，以及土壤环境和养分状况，把水分和养分定时、定量、按比例直接提供给作物根系，满足作物不同生长期对水分和养分的需求，使根系土壤始终保持疏松和适宜的含水量，从而达到提高作物产量与品质，获得增产增收的目的。

二、国外水肥一体化技术的发展历史

水肥一体化技术是人类智慧的结晶，是生产力不断发展的产物，起源于无土栽培技术，并伴随高效灌溉技术的发展得以发展。早在18世纪，英国科学家John Woodward利用土壤提取液配制了第一份水培营养液，并将植物种植在其中。这是最早的水肥一体化栽培。后来水肥一体化技术大致经过了3个阶段的发展。

1. 营养液栽培技术阶段 1859 年，德国著名科学家 Sachs 和 Knop 提出了使植物生长良好的第一个营养液的标准配方，并用此营养液培养植物，该营养液直到今天还在使用。1920 年，营养液的制备达到标准化，但这些都是在实验室内进行的试验，尚未应用于生产。1925 年温室工业开始利用营养液取代传统的土壤栽培（图 1 - 1）。

图 1 - 1　营养液栽培

2. 无土栽培技术阶段 营养液栽培（hydroponics）一词最初是指未用任何基质固定根系的水培。之后，营养液栽培的含义扩大了，指不用天然土壤而用惰性介质如石砾、沙、蛭石、泥炭、珍珠岩、岩棉、蔗渣或锯末屑等及含有植物必需营养元素的营养液来种植植物。现在一般把无固体基质栽培类型称为营养液栽培，非天然土壤固体基质栽培类型称为无土栽培。1929 年，美国加利福尼亚大学的 W. F. Gericke 教授，利用无土栽培成功培育出一株高 7.5 米的番茄，采收果实 14 千克，引起了人们的极大关注，被认为是无土栽培技术由试验转向实用化的开端，作物栽培终于摆脱自然土壤的束缚，进入工厂化生产。20 世纪中期无土栽培开始商业化生产，水肥一体化技术初步形成。无土栽培的商业化生产开始于荷兰、意大利、英国、德国、法国、西班牙、以色列等国家。之后，墨西哥、科威特及中美洲、南美洲、撒哈拉沙漠等土地贫瘠、水资源稀少的地区也开始推广无土栽培技术（图1-2）。

图1-2　无土栽培

3. 水肥一体化技术成熟阶段　20世纪中期至今是水肥一体化技术快速发展的阶段。20世纪50年代，以色列内盖夫沙漠中哈特泽里姆基布兹的农民偶然发现水管渗漏处的庄稼长得格外好，后来经过试验证明，滴渗灌溉是减少蒸发、高效灌溉及控制水肥农药最有效的方法。随后以色列政府大力支持实施滴灌，1964年成立了著名的耐特菲姆公司。以色列从落后农业国家实现向现代工业国家的迈进，主要得益于滴灌技术。与喷灌和沟灌相比，应用滴灌的番茄产量增加了1倍，黄瓜产量增加了2倍。以色列应用滴灌技术以来，全国农业用水量没有增加，农业产出却较之前翻了5番。耐特菲姆公司生产的第一代滴灌系统设备用一流量计量仪控制塑料管中的单向水流，第二代产品引用了高压设备控制水流，第三、第四代产品开始配合计算机使用。自 20 世纪 60 年代以来，以色列开始普及滴灌水肥一体化技术，全国 43 万公顷耕地中大约有 20 万公顷应用加压灌溉系统。目前，以色列的滴灌水肥一体化技术已经发展到第六代。果树、花卉和温室作物都是采用水肥一体化灌溉施肥技术，而大田蔬菜和大田作物有些是全部利用水肥一体化灌溉施肥技术，有些只是一定程度上应用，这取决于土壤本身的肥力和基肥应用科学。在喷灌、微喷灌等微灌系统中，水肥一体化技术对作物也有显著的作用。随着喷灌系统由移动式转为固定式，水肥一体化技术也被应用到喷灌系统中。20 世纪 80 年代初期，水肥一体化技术被应用到自动推进机械灌溉系统中（图 1-3）。

图 1-3　水肥一体化

三、我国水肥一体化技术的发展概况

我国农业灌溉有着悠久的历史，但是大多采用大水漫灌和畦田浇灌的传统灌溉方法，水资源的利用率低，不仅浪费了大量的水资源，同时作物产量的提高也不明显。我国水肥一体化技术的发展始于 1974 年。随着微灌技术的推广应用，水肥一体化技术不断发展，大体经历了 4 个阶段。

第一阶段（1974—1980 年）：引进滴灌设备，并进行国产设备研制与生产，开展滴灌应用试验。1980年我国第一代成套滴灌设备研制生产成功。

第二阶段（1981—1996年）：引进国外先进技术，国产设备规模化生产基础逐渐形成。滴灌技术由试验、示范到较大面积推广，节水和增产效益显著。另外，在进行滴灌试验的同时，开始开展水肥一体化灌溉施肥的试验研究。

第三阶段（1997—2014年）：灌溉施肥的知识理论及应用技术日趋被重视，技术研讨和技术培训大量开展，水肥一体化技术大面积推广。

自20世纪90年代中期以来，我国微灌技术和水肥一体化技术迅速推广。水肥一体化技术已经由过去局部试验示范发展为大面积推广应用，辐射范围由华北地区扩大到西北干旱区、东北寒温带地区和华南亚热带地区，覆盖了设施栽培、无土栽培，以及蔬菜、花卉、苗木、大田经济作物等多种栽培模式和作物。在经济发达地区，水肥一体化技术水平日益提高，涌现了一批设备配置精良、专家系统智能自动控制的大型示范工程。部分地区因地制宜实施的山区重力自压滴灌施肥、西北半干旱和干旱区协调配置日光温室集雨灌溉系统窖水滴灌、瓜类栽培吊瓶滴灌施肥、华南地区利用灌溉系统施用有机肥液等技术形式，使灌溉施肥技术日趋丰富和完善。

拓展阅读

　　大田作物灌溉施肥最成功的例子是新疆的棉花膜下滴灌。1996年，新疆引进了滴灌技术，经过3年的试验研究，成功开发了适合大面积农田应用的低成本滴灌带。1998年新疆开展了干旱区棉花膜下滴灌综合配套技术研究与示范，成功开发了与滴灌技术相配套的施肥和栽培管理技术，即利用大功率拖拉机将开沟、施肥、播种、铺设滴灌带和覆膜一次性完成，在棉花生长过程中，通过滴灌控制系统适时完成灌溉和追肥。

灌溉施肥应用与理论研究逐渐深入，由过去侧重土壤水分状况、节水和增产效益试验研究，逐渐发展到灌溉施肥条件下水肥耦合效应、对作物生理和产品品质影响、养分在土壤中运移规律等方面的研究；由单纯注重灌溉技术、灌溉制度逐渐发展到对灌溉与施肥综合运用技术的研究。例如，对滴灌施肥条件下硝态氮和铵态氮分布规律的研究，对膜下滴灌土壤盐分特性及影响因素的研究以及关于溶质转化运移规律的研究等。我国的水肥一体化技术总体水平，已从 20 世纪 80 年代的初级阶段发展和提高到中级阶段。其中，部分微灌设备产品性能、大型现代温室装备和自动化控制已基本达到目前国际先进水平。微灌工程的设计理论及方法已接近世界先进水平，微灌设备产品和微灌工程技术规范，特别是条款的逻辑性、严谨性和可操作性等方面，已跃居世界领先水平。

第四阶段（2014 年至今）：浅埋滴灌水肥一体化技术逐渐被推广使用。

第二节　浅埋滴灌水肥一体化技术在我国的发展过程

一、浅埋滴灌水肥一体化技术的基本概念

水肥一体化技术是一项现代农业技术，其核心是将水、肥及土壤处理用药直接送达作物的有效根部，从而实现省水、省肥、省工、高效的目的。以往的滴灌水肥一体化技术在大田生产中是以地膜为辅助设备的膜下滴灌技术，而浅埋滴灌水肥一体化技术摆脱了地膜的辅助，将滴灌系统埋入地表（浅埋 2～4 厘米）进行灌溉，使水肥一体化技术更加趋于完善。

二、浅埋滴灌水肥一体化技术的发展过程

滴灌水肥一体化技术的推广应用以设施园艺作物和大田作物膜

下滴灌为主,大田作物膜下滴灌一是增加了生产成本,二是对土壤形成了严重的污染。从 2012 年开始,内蒙古通辽市科尔沁左翼中旗农业技术人员开始进行浅埋滴灌水肥一体化试验,历经 3 年试验、示范,得到逐步推广,到 2021 年该项技术在内蒙古自治区及同类地区大田作物大面积推广,推广面积超过 2×10^6 公顷,同年,"玉米无膜浅埋滴灌水肥一体化技术"被遴选为全国农业主推技术。

三、浅埋滴灌水肥一体化技术的发展前景

浅埋滴灌水肥一体化技术有许多优势,十分符合农业绿色、节能、可持续发展的要求,就我国当前农业现状来看,水资源浪费、肥料利用率低、肥料用量大等问题较为显著,采取浅埋滴灌水肥一体化技术,改变传统的种植模式,能够满足作物全生育期对水肥的需求,节水、省肥、省工、增产、增收,推广前景广阔。

第三节　浅埋滴灌水肥一体化技术的优缺点

一、浅埋滴灌水肥一体化技术的优点

1. 与常规浇水施肥方法相比,浅埋滴灌水肥一体化的优点

(1) 省肥。滴灌技术条件下,肥料被溶解于灌溉水中,输送到作物根部,通过滴灌可以控制湿润范围,肥料集中在湿润范围内,从而使肥料能够最大限度地均匀分布在作物根系最集中的区域内,同时大大减少肥料与土壤的接触面积,减少由于过量灌溉导致的肥料向深层土壤的移动流失,特别是硝态氮和尿素的淋失,减少了肥料的施用量,极大地提高了肥料的利用率。

(2) 施肥灵活、及时。全生育期满足作物对养分的需求。应用滴灌技术可以根据不同作物的不同生育时期和生长状况,灵活制订调整施肥方案,做到缺多少补多少,缺什么补什么,实现精确施肥。而常规浇水施肥受作物长势的限制,如作物在需肥高峰时期生

长茂盛，田间达到封垄状态，使传统的施肥方法难以实施，导致作物在关键时期出现脱肥现象，造成减产。

（3）省水。省水是滴灌技术的基本理念，通过滴灌浇水，可减少每次用水量，而且每次浇水根据作物生长需要进行，并且只对作物根系进行浇灌。而常规浇水则是全田灌水，用水量大。

（4）省工。当前农业生产中耕整地、播种、施肥、打药、收获基本都是机械作业，浇水就成了农业生产中最为繁重的劳动，应用浅埋滴灌水肥一体化技术，一次性完成播种和铺设滴灌带作业，作物全生育期只铺一次滴灌带，待作物收获时，利用机具将滴灌带回收，浇水时只需开关阀门，极大地减少了浇水用人工的工作量。

（5）使低产田的产量大幅度提高。对于沙性土壤、高岗下坡地势不平坦的低产田来说，应用浅埋滴灌水肥一体化技术能够使产量大幅度提高（图1-4）。沙性土壤保水保肥能力低，常规一次底肥加一次追肥的模式，肥料被作物吸收得少，流失得多，造成这样的地块投入多，产量低。应用浅埋滴灌水肥一体化技术可以少量多次地施入肥料，满足整个生育期作物对养分的需求。地势不平坦的地块，浇水达不到均匀一致，导致全田生长不一致，地势高的部分常常表现干旱状态，全田不能获得高产。应用浅埋滴灌水肥一体化技术可以达到全田浇水、施肥均匀一致，使作物生长一致。因此，浅埋滴灌水肥一体化技术满足了作物对

图1-4　地势高低不平的地块浅埋滴灌效果

水分、养分的需求，可以使作物保持一致生长，使低产田产量大幅度提高。

（6）减少病害、减少田间用药。多数病害是因为田间湿度过大引起的，浅埋滴灌水肥一体化技术的应用有效控制了田间湿度，减少了病害的发生和田间用药。

（7）防治地下害虫、土传病害简单有效。传统种植模式，地下害虫、土传病害，施药相对困难，药液很难达到地下，应用浅埋滴灌水肥一体化技术可以通过滴灌施药，药液直接到达土层内，防治方便，效果好。

2. 与膜下滴灌水肥一体化相比，浅埋滴灌水肥一体化的优点

（1）节省成本。浅埋滴灌水肥一体化技术减少了地膜的投入，亩节约成本 50 元左右。

（2）播种作业效率高。同样的地块，一般二行半膜播种机 3 个人一天播种 40 亩[①]左右；全膜播种机 3 个人一天播种 30 亩左右；浅埋滴灌二行播种机两个人一天播种 60 亩左右，播种作业效率大大高于地膜覆盖。

（3）省工。膜下滴灌水肥一体化技术出苗时需要人工检查放苗，浅埋滴灌水肥一体化技术无须检查放苗，降低了劳动强度，减少了人工。

（4）减轻白色污染。浅埋滴灌水肥一体化技术与膜下滴灌水肥一体化技术相比，没有地膜的投入使用，减轻了地膜对土壤以及周边环境的污染，使水肥一体化技术得到可持续的应用。

二、浅埋滴灌水肥一体化技术的缺点

（1）尽管浅埋滴灌水肥一体化技术已日渐完善，有很多优点，但是需要投入相应的设备，对于目前一般农民家庭来说属于一笔不

---

① 亩为非法定计量单位，1 亩＝1/15 公顷。——编者注

小的投入。

（2）北方春天大风天气较多，如果播种铺设滴灌带不合理，管理不善，会将全田滴灌系统都刮乱，造成无法估量的损失。

（3）浅埋滴灌水肥一体化技术的播种、浇水、追肥种类、追肥次数、追肥用量等都与常规种植不同，往往部分农户只铺设安装了浅埋滴灌水肥一体化技术的田间管道，而施肥管理却未做到位，没有达到理想的效果，有的还导致负面结果。

第二章

浅埋滴灌水肥一体化技术应用的设备

一般来说河水、井水都可以用于滴灌，生产上基本以井水为主。

滴灌系统主要包括三大部分：首部控制枢纽、田间输配水管道、连接部件。

第一节　首部控制枢纽

首部控制枢纽由井、水泵、过滤器、施肥装置、控制阀门、压力表、流量计等设备组成。其主要作用是从水源中取水，经过加压过滤后输送到输水管网中，并通过压力表、流量计等测量设备监测系统运行情况。

一、加压设备

加压设备的作用是满足滴灌施肥系统对管网水流的工作压力和流量要求。加压设备包括水泵和电机，水泵要求为高压泵，电机可以是电动机、柴油机等。

水泵：由于全田滴灌系统靠压力送水，所以水泵的选择对滴灌系统的正常运行至关重要。水泵一般有两大类，一类为农用离心泵；一类为农用潜水泵。要适当超标选水泵。确定水泵类型后，要考虑其经济性能，特别要注意水泵的扬程和流量及其配套动力的选择。

温馨提示

　　必须注意，水泵标牌上注明的扬程（总扬程）与使用时的出水扬程（实际扬程）是有差别的，这是由于水流通过输水管和管路附近时会有一定的阻力损失。所以，实际扬程一般要比总扬程低 10%～20%，出水量也相应减少。

　　实际使用时，只能按标牌所注扬程和流量的 80%～90% 估算，水泵配套动力的选择，可按标牌上注明的功率选择，为了使水泵启动迅速和使用安全，动力机的功率也可略大于水泵所需功率，一般高出 10% 左右为宜；如果已有动力，选购水泵时，则可按动力机的功率选购与之相配套的水泵（图 2-1）。

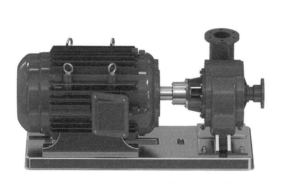

图 2-1　电机水泵

二、过滤设备

　　过滤设备是将灌溉水和水溶肥中的杂质过滤，避免杂质进入滴灌系统，造成滴灌系统堵塞。过滤设备根据所用的材料和过滤方式可分为砂石过滤器、离心分离器、网式过滤器、叠片式过滤器等。

在选择过滤设备时要根据井、泵、水质的特点选择合适的过滤设备。

1. 砂石过滤器 砂石过滤器又称石英砂过滤器、砂滤器，它是通过均质等粒径石英砂形成砂床作为过滤载体进行立体深层过滤的过滤器，常用于一级过滤（图 2-2）。其主要是采用石英砂作为滤料过滤。

图 2-2 砂石过滤器

砂石过滤器是介质过滤器之一，其砂床是三维过滤，具有较强的截获污物的能力，适合深井水过滤、农用水处理、各种水处理工艺前道预处理等，可用于工厂、农村、宾馆、学校、园艺场、水厂等各种场所。在所有过滤器中，用砂石过滤器处理水中有机杂质和无机杂质最为有效，这种过滤器滤出和存留杂质的能力很强，并可不间断供水。只要水中有机物含量超过 10 毫克/升时，无论无机物含量有多少，均应选用砂石过滤器，尤其适用于严重返沙的井水的预处理。

2. 离心分离器 离心分离器（图 2-3）又称离心机，是利用离心力将溶液中密度不同的成分进行分离的一种设备（借离心沉降速度的不同将轻重不同或互不溶解的两种液体分开的离心机称作离心分离机）。可进行固液分离、液液分离（重液体和轻液体及乳浊液等）。该设备的主要部分是电机带动一个可旋转的圆筒，称作转鼓。有的转鼓壁上有很多小孔，离心分离时，转鼓壁上衬有滤布，使固体物质留在转鼓壁上而液体通过小孔甩出。也有的转鼓无小孔，被甩液体可以用导管排出。

图 2-3 离心分离器

离心分离器的转鼓内有数十只（50～80 只）形状和尺寸相同的碟片，碟片按一定间距（0.5～1.2 毫米）叠置起来组成碟片组，每只碟片在离开轴线一定距离的圆周上开有几个对称分布的圆孔，许多这样的碟片叠置起来时，对应的圆孔就形成垂直的通道。含有两种不同重度液体的混合液进入离心分离器后，通过碟片上圆孔形成的垂直通道进入碟片间的隙道，并被带着高速旋转，由于两种不同重度液体的离心沉降速度不同，重液的离心沉降速度大，从而离开轴线向外运动，轻液的离心沉降速度小，则向轴线流动。这样，两种不同重度液体就在碟片间的隙道流动的过程中被分开。

3. 网式过滤器　网式过滤器是微灌系统中应用最为广泛的一种简单而有效的过滤设备（图 2-4），它的过滤介质有塑料、尼龙筛网或不锈钢筛网。网式过滤器主要作为末级过滤设备，当灌溉水质不良时则连接在主过滤器之后，作为控制过滤器使用。主要用于过滤灌溉水中的粉粒、沙和水垢等污物。当有机物含量较高时，这种类型的过滤器的过滤效果很差，尤其是当压力较大时，有机物会从网眼中挤过去，进入管道，造成系统与灌水器堵塞。网式过滤器主要由筛网、壳体、顶盖等部分组成。筛网的孔径大小决定了过滤器的过滤能力，由于通过过滤器筛网的污物颗粒会在灌水器的孔口或流道内相互拥挤在一起而堵塞灌水器，因而一般要求所选用的网式过滤器的筛网孔径大小应为所使用的灌水器孔径的 1/10～1/7。筛网的目数和孔径与对应的土粒类别见表 2-1。

图 2-4　网式过滤器

表 2-1　筛网目数和孔径与对应的土粒类别

筛网规格（目）	孔径		土粒类别	粒径（毫米）
	毫米	微米		
20	0.711	711	粗沙	0.50～0.75
40	0.42	420	中沙	0.25～0.40
80	0.18	180	细沙	0.15～0.25
100	0.152	152	细沙	0.15～0.20
120	0.125	125	细沙	0.10～0.15
150	0.105	105	极细沙	0.10～0.15
200	0.074	74	极细沙	≤0.10
250	0.053	53	极细沙	≤0.10
300	0.044	44	粉沙	≤0.10

　　4. 叠片式过滤器　叠片式过滤器和其他过滤器一样，也是由滤壳和滤芯组成。滤壳材料一般为塑料，或不锈钢，或涂塑碳钢，形状有很多种；滤芯形状为空心圆柱体，空心圆柱体由很多两面注有微米级正三角形沟槽的环形塑料片组装在中心骨架上组成。每个过滤单元中被弹簧和水压压紧的叠片便形成了无数道杂质无法通过的滤网，总厚度相当于30层普通滤网（图2-5）。

图 2-5　叠片式过滤器

三、施肥设备

浅埋滴灌水肥一体化技术灌溉系统施肥需要一定的施肥设备，常用的施肥设备包括两个组成部分，为施肥器和施肥罐。不同的施肥器配备不同的施肥罐。

（一）文丘里施肥器及配套的施肥设备

（1）文丘里施肥器的工作原理。与微灌系统或灌区入口处的供水管控制阀门并联安装，使用时将控制阀门关小，造成控制阀门前后有一定的压差，使水流经过安装文丘里施肥器的支管，利用水流通过文丘里管产生的真空吸力，将肥料溶液从敞口的肥料桶中均匀吸入管道系统进行施肥。

（2）配套施肥设备。与文丘里施肥器配套的施肥设备相对简单，敞口的容器既可，容器大小可根据实际需要选择。

（3）文丘里施肥设备使用方法。具体见图2-6。

图2-6　文丘里施肥设备连接方式

（4）不吸肥的原因。

①水压不足。文丘里施肥器施肥需要一定的压力才能开始工作，当压力不足时，即使调节调压阀也不能达到吸肥的效果。

解决办法：调节阀门和增加水泵压力。

②轮灌区较小。当轮灌区较小，以及田间毛管出水量较小时，文丘里施肥器在刚开启时会正常进行施肥，但随着毛管中的压力不断升高，最终使文丘里施肥器前后的压力差小于产生负压的压力，导致不能进行正常吸肥。

解决办法：调整轮灌区面积，使轮灌区面积和水泵出水量保持一致。

③文丘里喉管堵塞。

解决办法：清理异物。

（二）压差式施肥器及配套的施肥设备

1. 压差式施肥罐　使用范围非常广泛，根据不同需求，施肥罐型号分为 15 升、25 升、100 升、150 升、300 升等。施肥罐一般由储液罐（化肥罐）、进水管、供肥管、调压阀等组成。施肥罐的两根细管（旁通管）与主管道相连接，在主管道上两条细管接点之间设置一个节制阀（球阀或闸阀）以产生一个较小的压力差（1～2 米水压），使一部分水流流入施肥罐，进水管直达罐底，水溶解罐中的肥料后，肥料溶液由另一根细管进入主管道，将肥料带到作物根区，其工作原理是在输水管上的两点形成压力差，并利用这个压力差，将肥料注入灌溉系统。

2. 连接和使用方法　见图 2 - 7。

（1）按照所灌溉施肥农作物的具体面积计算好当次施肥的数量。称好或量好每个轮灌区的肥料。

（2）用两根各配一个阀门的管子将旁通管与主管接通，为便于移动，每根管上可配用快速接头，方便使用。

（3）连接好后，关闭阀门 1、2、4，打开阀门 3、5，排除脏水，待水流清澈之后关闭阀门5，进行浇水，当水浇至苗带时开始准备冲肥。

（4）打开阀门4排除施肥罐里的水，施肥罐里的水排净后，关闭阀门4，向施肥罐内注入肥料。

（5）注完肥料后，扣紧罐盖。

（6）打开阀门1，适当调控阀门3，将水注入施肥罐，进水管水流缓慢时打开阀门2，开始进行冲肥，同时通过调控阀门2和3控制冲肥速度。

图2-7 压差式施肥设备连接方式

温馨提示

　　再施下一罐肥时，事先必须排掉罐内的积水。在施肥罐进水口处应安装一个1/2"（1"＝1英寸＝2.54厘米，下同）的真空排除阀或 1/2" 的球阀。打开罐底的排水开关前，应先打开真空排除阀或球阀，否则水排不出去。

第二节 田间输配水管道

输配水管道包括主管、支管和毛管三级管道，主管主要是将水输出到支管，起到输配水的作用；支管是根据田间情况将全田分成若干单元，起到轮灌区的作用，毛管是滴灌系统的第三级管道，由毛管上的出水口将肥、水滴入田间。

除已有地埋管道的耕地外，浅埋滴灌水肥一体化田间管道一般采用聚乙烯（PE）软管铺设主管和支管。质量达标的 PE 软管公称外径和公称壁厚见表 2-2。

表 2-2 PE 软管的公称外径和公称壁厚

单位：毫米

公称外径	允许偏差	公称压力 0.15 兆帕		公称压力 0.25 兆帕	
		公称壁厚	允许偏差	公称壁厚	允许偏差
32	+0.2 −0.5	0.5	±0.10	0.7	±0.10
40		0.6		0.8	
50	+0.4 −1.0	0.8		1.0	±0.15
63		0.9		1.2	
75		1.0		1.4	
90	+0.4 −1.5	1.2	±0.15	1.6	
110		1.3		1.9	±0.20
125	+0.5 −2.0	1.5		2.2	
160		1.8	±0.20	2.7	±0.25

一、主管

主管的选择和应用在田间主要分为以下几种情况。

（1）具有地埋管道的田块，可以充分利用地埋管道作为主管。在实际生产中，一块具有地埋管道的耕地，涉及较多农户，而农户种植模式及种植作物很难达到一致，因此用地埋管道不方便农户进行合理的水肥管理。在很难达到一致的实际情况下，建议农户单独铺设主管。

（2）不具有地埋管道的地块，需要选择与井的实际情况配套的水带作为主管，一般机电井选择公称外径 90 毫米以上的 PE 软管；柴油机井选择公称外径 75 毫米的 PE 软管。

二、支管

选择公称外径 63 毫米的 PE 软管作为支管。

三、毛管（滴灌带）

滴灌带分为 3 种类型：单翼迷宫式滴灌带、压力补偿式滴头及滴灌管、内镶式滴灌管（带）。

（一）单翼迷宫式滴灌带

执行标准为 GB/T 19812.1。该标准适用于以聚烯烃为主要原料，采用挤出吹塑，并以真空模具成型的一侧带有滴水孔且流道呈迷宫型的非复用型滴灌带。

单翼迷宫式滴灌带是指在单翼上带有一定间距的孔眼，流道呈迷宫型，盘卷压扁后呈带状的、流量随进水口压力变化而变化的滴灌带。

1. 滴灌带标记内容

（1）结构特征。单翼迷宫式滴灌带（MGD）。

（2）规格。公称内径（毫米）×公称壁厚（毫米）×滴水孔间距（毫米）。

（3）额定流量。单位为升/小时。

（4）额定工作压力。用100千帕的倍数表示，精确到小数点后一位。

公称内径为16毫米，公称壁厚为0.16毫米，滴水孔间距为200毫米，额定流量为2.6升/小时，额定工作压力为100千帕的单翼迷宫式滴灌带表示为：MGD 16×0.16×200－2.6－1.0。

2. 具体要求

（1）外观。滴灌带一般为黑色，色泽均匀一致，表面光滑、平整，不应有气泡、杂质。迷宫流道成型饱满。

（2）不透光性。滴灌带应不透光。

（3）规格尺寸。

①公称内径。公称内径及极限偏差应符合表2-3的规定。

表2-3　单翼迷宫式滴灌带公称内径及极限偏差

单位：毫米

公称内径	12	16	18	20
极限偏差		±0.3		

②公称壁厚。公称壁厚及极限偏差应符合表2-4的规定。

表2-4　单翼迷宫式滴灌带公称壁厚及极限偏差

单位：毫米

公称壁厚	0.14	0.16	0.18	0.20	0.22	0.24	0.30	0.40
极限偏差				+0.04 −0.02				

③滴水孔间距偏差率。滴水孔间距偏差率应在±5%的范围内。

④每卷段数、每段长度及每卷长度偏差率。每卷滴灌带的段数、每段长度及每卷长度偏差率应符合表2-5的规定。一般情况下卷中的接头应接通，未接通时应有明显标识。

表2-5 单翼迷宫式滴灌带每卷段数、每段长度及每卷长度偏差率

项目	每卷段数（个）		每段长度（米）	每卷长度偏差率（%）
	≤1 000 米	>1 000 米		
指标	≤2	≤3	≥200	±1.5

（二）压力补偿式滴头及滴灌管

执行标准为GB/T 19812.2。该标准适用于具有流量或压力调节功能的滴头和以聚烯烃为主要原料制备的滴灌管。

压力补偿式滴头及滴灌管是指进水口压力在制造厂规定的最小与最大工作压力范围内变化时，流量保持相对不变的滴头及滴灌管。

1. 分类 按结构可分为以下三类。

（1）管上式压力补偿式滴头、滴灌管（结构特征代号：GBG）。

（2）内镶式压力补偿式滴头、滴灌管（结构特征代号：NBG）。

（3）管间式压力补偿式滴头、滴灌管（结构特征代号：JBG）。

2. 标记

（1）滴灌管标记。滴灌管标记内容如下：

①结构特征代号。

②规格。公称外径（毫米）×公称壁厚（毫米）×滴水孔间距（毫米）。

③额定流量。单位为升/小时。

④压力补偿范围。用100千帕的倍数表示，精确到小数点后一位。

示例

公称外径为 16 毫米，公称壁厚为 1.0 毫米，滴水孔间距为 200 毫米，额定流量为 2.0 升/小时，额定工作压力为 100～300 千帕的管上式压力补偿式滴灌带表示为：GBG 16×1.0×200 - 2.0 - 1.0/3.0。

（2）滴头标记。滴头标记内容如下：

①额定流量。单位为升/小时。

②公称尺寸（管间滴头）。单位为毫米。

③水流方向指示箭头（必要时）。

3. 要求

（1）外观。

①滴头色泽应均匀一致，表面光滑无毛刺，不应有气泡、裂口、溢边、缺损、变形。

②滴灌管一般为黑色，色泽应均匀一致，表面不应有明显的未塑化物、杂质及划伤、气泡。

③滴头应安装准确、镶嵌牢固、平整，不应有滴头漏嵌、翘曲及镶嵌不到位的缺陷。

（2）不透光性。滴灌管应不透光。

（3）规格尺寸。

①规格尺寸及其极限偏差。

A. 滴灌管的公称外径及其极限偏差应符合表 2 - 6 的规定。

表 2-6 压力补偿式滴灌管公称外径及其极限偏差

单位：毫米

公称外径	12	16	18	20
极限偏差		±0.3 0		

B. 滴灌管的公称壁厚及其极限偏差应符合表 2-7 的规定。

表 2-7 压力补偿式滴灌管公称壁厚及其极限偏差

单位：毫米

公称壁厚	0.4	0.6	0.8	0.9	1.0	1.1	1.2
极限偏差	+0.06	+0.08	+0.15	+0.30			
	−0.03	−0.05	−0.06	−0.10			

②滴水孔间距偏差率。滴水孔间距偏差率应在±5%的范围内。

③每卷段数、每段长度及每卷长度偏差率。每卷段数、每段长度及每卷长度偏差率应符合表 2-8 的规定。一般情况下，卷中的接头应接通，未接通时应有明显标识。

表 2-8 压力补偿式滴灌管每卷段数、每段长度及每卷长度偏差率

项目	每卷段数（个）		每段长度（米）	每卷长度偏差率（%）
	≤1 000 米	>1 000 米		
指标	≤2	≤3	≥200	±1.5

（三）内镶式滴灌管（带）

执行标准为 GB/T 19812.3。该标准适用于主体材料采用聚烯烃为主要原料的内镶式非压力补偿滴灌管（带）。

内镶式滴灌管（带）是指滴头以一定的间距或连续镶于管（带）中，并在滴头上加工有孔眼，以滴流形式出水的管（带）。

1. 标记 滴灌管或滴灌带的标记内容如下：

（1）结构特征。N 为内镶式，F 为复用型，Y 为非复用型，G 为管，D 为带。

（2）规格。公称管（带）径（毫米）×公称壁厚（毫米）×滴

水孔间距（毫米）。

（3）额定流量。单位为升/小时。

（4）额定工作压力。用100升帕的倍数表示，精确到小数点后1位。

> **示例**
>
> 公称内径为16毫米，公称壁厚为0.40毫米，滴水孔间距为300毫米，额定流量为3.0升/小时，额定工作压力为100千帕复用型内镶式滴灌带表示为 NFD 16×0.40×300 - 3.0 - 1.0。

2. 要求

（1）外观。

①滴灌管、滴灌带一般为黑色。色泽应均匀一致。内外壁应光滑平整，不应有气泡、挂料线、明显的未塑化物、杂质。

②滴头镶嵌应牢固、平整、位置准确，不应有滴头漏嵌、翘曲及镶嵌不到位的缺陷。

（2）不透光性。滴灌管、滴灌带应不透光。

（3）规格尺寸。

①滴灌管的规格尺寸及其极限偏差。

A. 滴灌管的公称外径及其极限偏差应符合表2-9的规定。

表2-9　内镶式滴灌管公称外径及其极限偏差

单位：毫米

公称外径	8	10	12	16	20
极限偏差	+0.1 0		+0.2 0		

B. 滴灌管的公称壁厚及其极限偏差应符合表2-10的规定。

表 2 - 10 　内镶式滴灌管的公称壁厚及其极限偏差

单位：毫米

公称壁厚	0.5	0.6	0.8	1.0
极限偏差	+0.15 −0.05		+0.20 −0.08	

②滴灌带的规格尺寸及其极限偏差。

A. 滴灌带的公称内径及其极限偏差应符合表 2 - 11 的规定。

表 2 - 11 　内镶式滴灌带公称内径及其极限偏差

单位：毫米

公称内径	8	10	12	16	20
极限偏差			±0.30		

B. 滴灌带的公称壁厚及其极限偏差应符合表 2 - 12 的规定。

表 2 - 12 　内镶式滴灌带的公称壁厚及其极限偏差

单位：毫米

公称壁厚	0.12　0.16	0.18　0.20	0.25　0.30	0.35　0.40
极限偏差	+0.02 −0.01	+0.04 −0.01	+0.05 −0.02	+0.06 −0.03

③滴水孔间距偏差率。滴水孔间距偏差率应在±5％的范围内。

④每卷段数、每段长度及每卷长度偏差率。每卷段数、每段长度及每卷长度偏差率应符合表 2 - 13 的规定。一般情况下，卷中的接头应接通，未接通时应有明显标识。

表 2-13　内镶式滴灌管（带）每卷段数、每段长度及
每卷长度偏差率

项目	每卷段数（个）		每段长度（米）	每卷长度偏差率（%）
	≤1 000 米	>1 000 米		
指标	≤2	≤3	≥200	±1.5

第三节　连接部件

滴灌连接部件主要有阀门、四通件、三通件、直通件、变通件、尾通件、胶垫、钢卡、堵头、弯头、旁通件等。

一、阀门

阀门（图 2-8）在滴灌系统中主要起控制水流方向、浇水单元和水流大小，平衡管道压力的作用。尺寸一般有公称外径 63 毫米、75 毫米、90 毫米、110 毫米。

图 2-8　阀门

二、四通件、三通件

四通件（图 2-9）、三通件在滴灌系统中起连接主管（带）和

支管（带）的作用，主要有同一尺寸承插四通件、三通件，不同尺寸承插四通件、三通件，同一尺寸双阳四通件、三通件，不同尺寸双阳四通件、三通件，同一尺寸三阳四通件。常见尺寸有公称外径63毫米、75毫米、90毫米、110毫米。

图2-9　四通件

三、直通件

直通件（图2-10）分为承插直通件、阳纹直通件、变径直

图2-10　直通件

通件、变径内丝直通件等。尺寸通常为公称外径63毫米、75毫米、90毫米、110毫米。承插直通件主要是连接同一个尺寸两条管（带）子；阳纹直通件主要控制水流方向和水流压力，配合相应尺寸阀门使用；变径直通件主要用于连接两个不同尺寸水管（带）；变径内丝直通件多用于过滤器接口与不同尺寸的水管（带）连接。

四、常用的公称外径16毫米配件

1. 公称外径16毫米小三通件 是连接支管与滴灌带的配件（图2-11）。

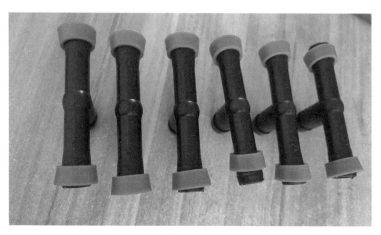

图2-11 公称外径16毫米小三通件

2. 公称外径16毫米小直通件 是连接滴灌带与滴灌带的配件（图2-12）。

3. 公称外径16毫米阀门小三通件 外径16毫米小三通件上带有开关（图2-13），连接滴灌带与支管，适用于地势高低不平的地块，通过开关可以灵活控制水流大小，达到压力一致。

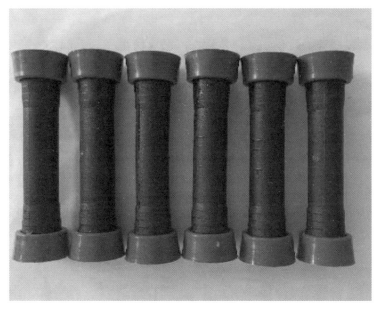

图 2 - 12　公称外径 16 毫米小直通件

图 2 - 13　公称外径 16 毫米阀门小三通件

五、其他配件

1. 钢卡、胶垫 钢卡（图 2 - 14）、胶垫（图 2 - 15）在四通件、三通件、直通件上使用。

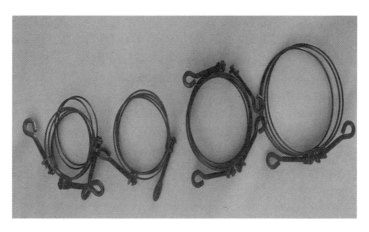

图 2 - 14 钢卡

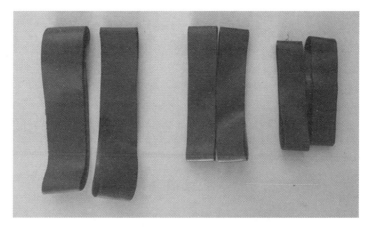

图 2 - 15 胶垫

2. 弯头 用于同一尺寸的水管（带）需要转弯时的连接，使水流在水管（带）内转变方向时能够流畅（图2-16）。

图2-16 弯头

3. 堵头 用于堵塞支管（带）打错的孔或堵旧支管（带）上的孔（图2-17）。

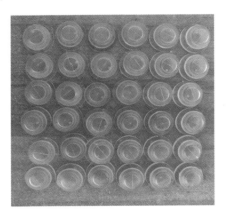

图2-17 堵头

第三章

浅埋滴灌水肥一体化技术田间设计

大田生产中，由于受地形、土壤类型、水源条件、水泵等诸多因素影响，应用浅埋滴灌水肥一体化技术进行田间设计时，根据实际情况灵活掌握，总体应用遵循以下几个原则：①必须保证满足作物在生长期内对水分的需求。②必须保证每个浇水单元内浇水均匀一致。③在保证以上两个原则的前提下，尽可能节约滴灌系统的成本。

一、准备工作

准备工作主要是收集资料。在田间管道铺设设计时，需要掌握以下资料。

1. 土壤资料　主要掌握土壤类型、盐碱程度。

2. 基础条件　主要了解水源条件、水源位置、水源含沙情况、水泵出水量等。

3. 地形资料　主要掌握田间坡度、土地平整情况。

二、设计原则

滴灌系统中管道一般包括主管、支管和毛管三级，毛管平行于垄向，支管垂直于垄向。

1. 主管　原则上垄宽在 100 米之内铺设 1 条主管，垄宽 100～200 米铺设 2 条主管。

2. 支管

（1）没有坡度的地块，地头两边支管距离地头不能超过 30 米，地中间 2 条支管间距 70～100 米，距离井远的 2 条支管间距 70 米，距离井近的 2 条支管间距可以逐渐加大，但是不能超过 100 米，2 条支管的间距还要根据井的出水量及水泵的情况进行调整。

（2）有坡度的地块，设计时要根据坡度灵活掌握支管的位置及支管的间距。坡度大的地块通过增加支管数量及加设外径 16 毫米阀门三通件或外径 16 毫米阀门直通件调整出水压力，达到浇水单元出水均匀一致。

三、设计实例

[**实例 1**] 科尔沁右翼中旗高力板镇巴仁太本嘎查，地块面积 90 亩。土壤质地为壤土，土壤疏松，地块地形平坦，水源较好，水质良好，机电井，水泵为 11.5 千瓦的 QJ 型井用潜水泵。种植作物为玉米。长 320 米，宽 187.8 米，313 垄。田间设计见图 3-1，滴灌物质计划见表 3-1。

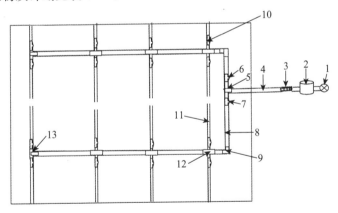

图 3-1　实例 1 田间设计示意

1. 井　2. 施肥罐　3. 过滤器　4、8. 内径 90 毫米 PE 软管　5. 外径 90 毫米双阳三通件

6、7. 外径 90 毫米球阀　9. 外径 90 毫米弯头　10. 外径 63 毫米球阀

11. 内径 63 毫米 PE 软管　12. 外径 90 毫米变外径 63 毫米双阳四通件

13. 外径 90 毫米变外径 63 毫米双阳三通件

表 3-1　实例 1 滴灌物质计划

名称	规格①	数量	单位
过滤施肥器	3 寸②网式	1	套
钢制施肥罐	300 升	1	套
滴灌带	内径 16 毫米	50 240	米
主管带	内径 90 毫米 PE 软管	620	米
支管带	内径 63 毫米 PE 软管	750	米
小三通件	外径 16 毫米	628	个
小直通件	外径 16 毫米	50	个
阳纹三通件	外径 90 毫米 PVC 管件	1	个
弯头	外径 90 毫米 PVC 管件	2	个
异径阳纹三通件	外径 90 毫米变外径 63 毫米 PVC 管件	2	个
异径阳纹四通件	外径 90 毫米变外径 63 毫米 PVC 管件	6	个
球阀①	外径 90 毫米	2	个
球阀②	外径 63 毫米	16	个
直通件①	外径 75 毫米 PVC 管件	6	个
直通件②	外径 63 毫米 PVC 管件	5	个
钢卡①	直径 90 毫米	25	个
钢卡②	直径 63 毫米	20	个
胶垫①	直径 90 毫米	25	个
胶垫②	直径 63 毫米	20	个
打孔器		2	个

①规格均为公称尺寸，后同。

②寸为非法定计量单位，1 寸≈3.3 厘米，后同。

[**实例 2**] 科尔沁右翼中旗巴彦芒哈苏木刘家窑，地块面积 58 亩。土壤质地为沙土，水源较好，柴油机井，动力为 18 马力①柴

———————————

①　马力为非法定计量单位，1 马力≈735.5 瓦。——编者注

油机，水泵为 2.5 寸三鱼泵，划分为 4 个管理单元。具体田间设计见图 3-2，滴灌物质计划见表 3-2。

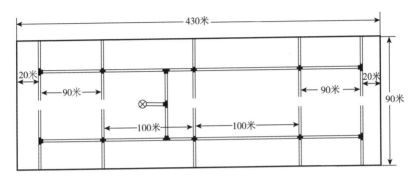

图 3-2 实例 2 田间设计示意

表 3-2 实例 2 滴灌物质计划

名称	规格	数量	单位
过滤器	2.5 寸网式	1	个
施肥器	外径 75 毫米 PVC	1	套
施肥罐	300 升	1	套
滴灌带	内径 16 毫米	32 250	米
水带①	内径 75 毫米 PE 软管	850	米
水带②	内径 63 毫米 PE 软管	450	米
小三通件	外径 16 毫米	375	个
小直通件	外径 16 毫米	50	个
正三通件	外径 75 毫米 PVC	1	个
阳纹三通件	外径 75 毫米 PVC	2	个
异径阳纹三通件	外径 75 毫米变外径 63 毫米 PVC 管件	4	个
异径阳纹四通件	外径 75 毫米变外径 63 毫米 PVC 管件	6	个
球阀①	外径 75 毫米	4	个
球阀②	外径 63 毫米	20	个
直通件①	外径 75 毫米 PVC	6	个

（续）

名称	规格	数量	单位
直通件②	外径63毫米PVC	5	个
钢卡①	直径75毫米	33	个
钢卡②	直径63毫米	30	个
胶垫①	直径75毫米	33	个
胶垫②	直径63毫米	30	个
打孔器		2	个

[**实例3**] 科尔沁右翼中旗额木庭高勒苏木拉拉屯嘎查，地块面积11亩。土壤质地为壤质，水源较好，机电井，根据该地块实际情况，设计一条主管，不设支管，11亩一次性浇完，16毫米小三通件与主管直接相连，靠近井的一端垄短，采用16毫米阀门小三通件直接，利用三通件直接对水流大小进行控制，达到全田浇水、冲肥一致的目的。具体设计见图3-3和表3-3。

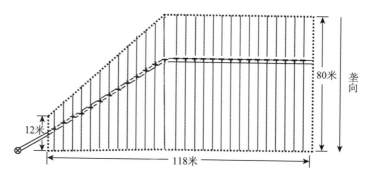

图3-3 实例3田间设计示意

表3-3 实例3滴灌物质计划

名称	规格	数量	单位
过滤器	3寸网式	1	套
施肥罐	300升	1	套

（续）

名称	规格	数量	单位
滴灌带	内径 16 毫米	6 700	米
水带	内径 90 毫米 PE 软管	150	米
小三通件	外径 16 毫米	50	个
万向小三通件	外径 16 毫米	52	个
打孔器		2	个

[**实例 4**]科尔沁右翼中旗额木庭高勒苏木拉拉屯嘎查，地块面积 9 亩。土壤质地为壤质，水源不好，机电井，根据井水情况设计 1 条主管、2 条支管。具体设计见图 3-4 和表 3-4。

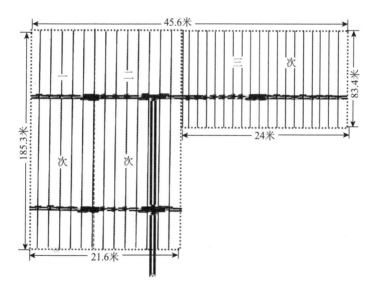

图 3-4　实例 4 田间设计示意

表 3-4　实例 4 滴灌物质计划

名称	规格	数量	单位
过滤器	3 寸网式	1	套

（续）

名称	规格	数量	单位
施肥罐	300 升	1	套
滴灌带	内径 16 毫米	5 400	米
水带①	内径 90 毫米 PE 软管	150	米
水带②	内径 63 毫米 PE 软管	70	米
小三通件	外径 16 毫米	30	个
万向小三通件	外径 16 毫米	26	个
小直通件	外径 16 毫米	10	个
单阳纹直通件	外径 90 毫米 PVC 管件	3	个
异径阳纹四通件	外径 90 毫米变外径 63 毫米 PVC 管件	2	个
球阀	外径 63 毫米	7	个
直通件	外径 90 毫米 PVC	1	个
钢卡①	直径 90 毫米	4	个
钢卡②	直径 63 毫米	10	个
胶垫①	直径 90 毫米	4	个
胶垫②	直径 63 毫米	10	个
打孔器		2	个

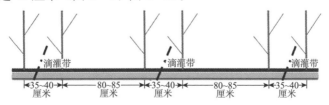

第四章

浅埋滴灌水肥一体化技术种植模式

不同的土壤类型根据实际情况配套不同的种植模式，具体有平播宽窄行种植模式、起垄宽窄行种植模式、免耕配套浅埋滴灌宽窄行种植模式、宽窄行轮休种植模式。

第一节 平播宽窄行种植模式

一、适合土壤质地及特点

适合壤土，壤土指土壤颗粒组成中黏粒、粉粒、沙粒含量适中的土壤。质地介于黏土和沙土之间，兼有黏土和沙土的优点，通气透水保墒。

二、整地措施

秋季或春季进行深松、深翻、旋地平整后播种。采用大小垄播种，根据种植作物和播种机实际情况，一般窄行距 35～40 厘米，宽行距 80～85 厘米，为了保证滴灌浇水的效果，原则上窄行距不能超过 40 厘米（图 4 - 1、图 4 - 2）。

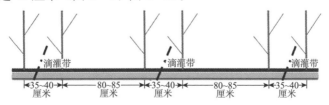

滴灌带　　　　　滴灌带　　　　　滴灌带

|←35~40→|←——80~85——→|←35~40→|←——80~85——→|←35~40→|
厘米　　　　厘米　　　　厘米　　　　厘米　　　　厘米

图 4 - 1　平播宽窄行种植模式

图 4-2 平播宽窄行种植

第二节 起垄宽窄行种植模式

该种植模式适合冷凉返浆地，这样的土壤春季地温低，土壤含水量大，根系呼吸不好，为了提高地温，减少根系周边含水量，采用起垄宽窄行浅埋滴灌种植模式。最好秋整地，收获后上冻前整地起垄。如果秋季因土壤墒情等情况没来得及整地的，春季耕层化冻后要及时整地起垄，垄面宽 80 厘米，垄高 10 厘米。结合整地亩施腐熟的农家肥 1 000 千克。待土壤温度及墒情达到播种条件时，进行垄上播种，宽行距 80 厘米，窄行距 40 厘米（图 4-3 至图 4-5）。

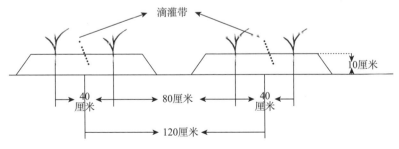

图 4-3 起垄宽窄行种植模式示意

图 4-4　起垄宽窄行种植模式播种

图 4-5　起垄宽窄行种植模式苗期生长情况

第三节　免耕配套浅埋滴灌宽窄行种植模式

免耕配套浅埋滴灌种植模式适合沙土地。沙土地土质疏松，透水通气性好，但保水保肥性较差，制约着农业生产的发展。

沙土地由于受大风侵蚀，连年的翻地、整地机械作业造成沙化越来越严重，土壤耕层越来越浅。采用免耕，上一茬作物的秸秆和根茬能够固定土壤，减少地表裸露部分，能有效控制风蚀，可以减少水土流失，最大限度地降低风沙对作物苗期的影响，为作物苗期生长提供相对好的生长环境。另外，沙土地保水保肥性较差，配套浅埋滴灌技术，能够保证作物全生育期对水分、养分的需求。免耕配套浅埋滴灌宽窄行种植模式是这种土壤类型维持生态平衡且能够高产的一种模式（图4-6）。

图4-6　免耕配套浅埋滴灌宽窄行种植

第四节　宽窄行轮休种植模式

宽窄行轮休种植模式是在当年宽窄行种植的基础上，在宽行中间进行深松并追肥，以接蓄自然降雨，秋季作物收获后，窄行种植带留茬，秸秆还田，宽行旋耕整平，翌年在旋耕整平的宽行进行双行播种的种植模式（图4-7、图4-8）。该模式有以下优点：

①在当年的田间管理过程中，对宽行进行深松，为下一年的播种及作物生长提供良好的条件。

②该种植模式采用免耕播种，最大限度地减少了春季大风造成的土壤风蚀和对幼苗的伤害。

③该种植模式与秸秆还田相结合，可提高土壤有机质含量，改善土壤结构，培肥地力。

④该模式在上一茬的宽行间播种，实现了轮耕种地养地相结合。

图4-7　宽窄行轮休种植模式深松情况

图 4-8　窄行留茬宽行播种滴灌浇水情况

第五章

水肥一体化中常用的肥料

在水肥一体化生产中根据作物生长需要使用滴灌进行追肥，才能最终实现高产。在选择滴灌施用的肥料时了解肥料的水溶性、酸碱性、养分含量等基本特性有助于实现水肥一体化，达到省肥、高产的效能。本章主要介绍可用于滴灌的各类肥料。

第一节　氮　　肥

氮肥，是指以氮（N）为主要成分，具有 N 标明量，施于土壤可提供植物氮素营养的单元肥料。氮肥是世界化肥生产和使用量最大的肥料品种；适宜的氮肥用量对于提高作物产量、改善农产品品质有重要作用。氮肥按含氮基团可分为铵（氨）态氮肥、硝态氮肥、硝铵态氮肥和酰胺态氮肥。

一、铵（氨）态氮肥

铵（氨）态氮肥包括碳酸氢铵、硫酸铵、氯化铵、氨水、液氨等。

铵（氨）态氮肥的共同特性：

①铵（氨）态氮肥易被土壤胶体吸附，部分进入黏土矿物晶层。

②铵（氨）态氮易氧化变成硝酸盐。

③在碱性环境中氨易挥发损失。

④高浓度铵（氨）态氮肥易对作物产生毒害。

⑤作物吸收过量铵（氨）态氮对钙、镁、钾的吸收有一定的抑制作用。

（一）碳酸氢铵

碳酸氢铵（NH_4HCO_3），简称碳铵，是一种碳酸盐，含氮（N）17％左右，可作为氮肥使用。由于其可分解为 NH_3、CO_2 和 H_2O 三种气体而消失，故又称气肥。生产碳酸氢铵的原料是氨、二氧化碳和水。碳酸氢铵为白色或浅色，呈粒状、板状或柱状结晶。碳酸氢铵是无（硫）酸根氮肥，其 3 个组分都是作物的养分，不含有害的中间产物和最终分解产物，长期使用不影响土质，是最安全的氮肥品种之一。

1. 执行标准　农业用碳酸氢铵执行标准 GB 3559。

2. 质量要求

①外观：白色或浅色结晶。

②农业用碳酸氢铵的技术指标应符合表 5 - 1 的要求。

表 5 - 1　农业用碳酸氢铵的技术指标

项　　目		碳酸氢铵			干碳酸氢铵
		优等品	一等品	合格品	
氮（N,％）	≥	17.2	17.1	16.8	17.5
水分（H_2O,％）	≤	3.0	3.5	5.0	0.5

（一）硫酸铵

硫酸铵〔$(NH_4)_2SO_4$〕，简称硫铵，俗称肥田粉。无色结晶或白色颗粒，无气味，易溶于水，常温下无挥发，不分解。含氮（N）20％～21％，含硫（S）24％。硫酸铵适用于各种作物，性质较碳酸氢铵稳定，属生理酸性氮肥，可作为基肥、追肥、种肥和根外追肥，长期施用会使土壤酸度增加。

1. 执行标准　肥料用硫酸铵执行标准 GB/T 535。

2. 质量要求

①外观：白色或灰色，粉末或结晶状，无可见机械杂质。

②肥料用硫酸铵的技术指标应符合表 5-2 的要求，同时应符合包装容器上的标明值。

表 5-2　肥料用硫酸铵的技术指标

项　　目		指标	
		Ⅰ型	Ⅱ型
氮（N,%）	≥	20.5	19.0
硫（S,%）	≥	24.0	21.0
游离酸（H_2SO_4,%）	≤	0.05	0.20
水分（H_2O,%）	≤	0.5	2.0
水不溶物（%）	≤	0.5	2.0
氯离子（Cl^-,%）	≤	1.0	2.0

③有毒有害物质的限量要求见表 5-3。

表 5-3　肥料用硫酸铵的有毒有害物质限量要求

项　　目[a]		指标
氟化物（以 F 计，毫克/千克）	≤	500
硫氰酸根离子（毫克/千克）	≤	1 000
汞（Hg，毫克/千克）	≤	5
砷（As，毫克/千克）	≤	10
镉（Cd，毫克/千克）	≤	10
铅（Pb，毫克/千克）	≤	50
铬（Cr，毫克/千克）	≤	50
多环芳烃总量[b]（毫克/千克）	≤	1.0

a　其他有毒有害物质的限量执行标准 GB 38400。

b　多环芳烃总量指萘、苊烯、苊、芴、菲、蒽、荧蒽、芘、苯并 [a] 蒽、䓛、苯并 [b] 荧蒽、苯并 [k] 蒽、苯并 [a] 芘、二苯并 [a, h] 蒽、苯并 [g, h, i] 苝和茚并 [1，2，3-cd] 芘共计 16 种物质总和。

（三）氯化铵

氯化铵（NH_4Cl），简称氯铵，在日本又称"盐胺"。其天然产物称"卤砂"。含氮（N）24%～25%。纯品氯化铵为白色或略带黄色的方形或八面体结晶，与食盐相似。氯化铵的吸湿性比硫酸铵大，比硝酸铵小。不易结块，易溶于水，为生理酸性氮肥。主要适用于粮食作物、油菜等。

1. 执行标准　农业用氯化铵执行标准 GB/T 2946。

2. 质量要求

①外观：白色结晶或颗粒状产品。

②农业用氯化铵应符合表5-4的要求，同时应符合包装袋标明值。

表5-4　农业用氯化铵的要求

项　目		优等品	一等品	合格品
氮（N,%，以干基计）	≥	25.4	24.5	23.5
水[a]（%）	≤	0.5	1.0	8.5
钠盐[b]（%，以 Na 计）	≤	0.8	1.2	1.6
粒度[c]（粒径2.00～4.75毫米,%）	≥	90	80	—
颗粒平均抗压碎力[c]（N）	≥	10	10	—
砷及其化合物（%，以 As 计）	≤	0.005 0		
镉及其化合物（%，以 Cd 计）	≤	0.001 0		
铅及其化合物（%，以 Pb 计）	≤	0.020 0		
铬及其化合物（%，以 Cr 计）	≤	0.050 0		
汞及其化合物（%，以 Hg 计）	≤	0.000 5		

a　水的含量仅在生产企业检验和生产领域质量抽查检验时进行判定。

b　钠盐的含量以干基计。

c　结晶状产品无粒度和颗粒平均抗压碎力要求。

温馨提示

氯化铵的施用注意事项：

（1）做基肥。氯化铵做基肥应及时浇水，以便将氯离子淋洗至土壤下层，减小对作物的不利影响。

（2）做追肥。氯化铵最适于水稻追肥，但要掌握好少量多次的原则。

（3）不宜做种肥和秧田肥。氯化铵在土壤中会生成水溶性氯化物，影响种子的发芽和幼苗生长。

二、硝态氮肥

硝态氮肥，是指氮素以硝酸盐形态存在的氮肥，如硝酸钠、硝酸钙等。特点：①临界相对湿度较低，易吸湿结块；②易溶于水，易被作物吸收，见效快；③施入土壤后 NO_3^- 不为土壤胶体吸附，流动性大，有利于分布至深层土壤，但也易随水淋溶或径流损失；④在水田还原性环境中，易发生反硝化作用生成分子态氮（N_2）或氮的氧化物而逸失；⑤作物选择吸收 NO_3^- 常多于阳离子，属生理碱性肥料。

温馨提示

硝态氮肥较适合施用于旱地作物，如玉米、甜菜、烟草等；有较强的助燃性和爆炸性，储运和二次加工时应注意防火防爆；不能与新鲜厩肥、堆肥和绿肥混用，原因是新鲜有机肥含的有机酸会促使氨气发生反硝化作用而逸失；可与腐熟的有机肥或磷钾肥配合施用。

三、硝铵态氮肥

硝铵态氮肥主要为硝酸铵钙。

硝酸铵钙为白色圆形造粒，100%溶于水，是一种含氮和速效钙的新型高效复合肥料。一般组成为 NH_4NO_3 占 55%~60%，$CaCO_3$ 占 40%~45%；含氮约 20%。其肥效快，有快速补氮的特点，其中增加了钙，养分比硝酸铵更加全面，植物可直接吸收。硝酸铵钙属中性肥料，生理酸性度小，对酸性土壤有改良作用。施入土壤后酸碱度小，不会引起土壤板结，可使土壤变得疏松。同时能降低活性铝的浓度，减少活性磷的固定，且提供的水溶性钙，可提高植物对病害的抵抗力。另外，能促进土壤中有益微生物的活动。在种植经济作物、花卉、水果、蔬菜等农作物时，该肥可延长花期，促使根、茎、叶正常生长，保证果实颜色鲜艳，增加果实硬度。适用于基肥、种肥和追肥。

1. 执行标准 农业用硝酸铵钙执行标准 NY/T 2269。

2. 质量要求

①外观：白色或灰白色，均匀颗粒状固体。

②农业用硝酸铵钙产品技术指标应符合表 5-5 的要求。

表 5-5 农业用硝酸铵钙产品技术指标

项　　目		指标
总氮（N，%）	≥	15.0
硝态氮（N，%）	≥	14.0
钙（Ga，%）	≥	18.0
pH（250 倍稀释）		5.5~8.5
水不溶物（%）	≤	0.5
水分（H_2O，%）	≤	3.0
粒度（粒径 1.00~4.75 毫米，%）	≥	90

四、酰胺态氮肥

酰胺态氮肥主要为尿素。

尿素〔(NH₂)₂CO〕，又称碳酰胺，是由碳、氮、氧、氢组成的有机化合物，为白色晶体，是目前含氮量最高的氮肥。尿素无味无臭，易溶于水。纯品含氮 46.65%，农用尿素含氮 42%～46%，含少量缩二脲，一般低于 2%，通常对作物生长无害。

作为一种中性肥料，尿素适用于各种土壤和植物。它易保存，使用方便，对土壤的破坏作用小，是目前使用量较大的一种化学氮肥。

1. 执行标准　农业用尿素执行标准 GB/T 2440。

2. 质量要求

①外观：颗粒状或结晶，无机械杂质。

②农业用（肥料）尿素应符合表 5 - 6 的要求，同时应符合标明值。

表 5 - 6　农业用（肥料）尿素的要求

项　目		等级	
		优等品	合格品
总氮（N,%）	≥	46.0	45
缩二脲（%）	≤	0.9	1.5
水分（%）	≤	0.5	1
亚甲基二脲（%，以 HCHO 计）	≤	0.6	0.6
粒度ª（%）	粒径 0.85～2.80 毫米	≥	93	90
	粒径 1.18～3.35 毫米	≥		
	粒径 2.00～4.75 毫米	≥		
	粒径 4.00～8.00 毫米	≥		

a　只需符合四档中任意一档即可。

第二节　磷　肥

磷肥是以磷为主要养分的肥料。磷肥肥效的大小（显著程度）

和快慢取决于磷肥中有效的五氧化二磷（P_2O_5）的含量、土壤性质、施肥方法、作物种类。

按所含磷酸盐的溶解性分为水溶性磷肥、枸溶性磷肥和难溶性磷肥。

①水溶性磷肥，如普通过磷酸钙、重过磷酸钙。其主要成分是磷酸一钙。易溶于水，肥效较快。

②枸溶性磷肥，如沉淀磷肥、钢渣磷肥、钙镁磷肥、脱氟磷肥等。其主要成分是磷酸二钙。微溶于水而溶于 2％枸橼酸溶液，肥效较慢。

③难溶性磷肥，如骨粉和磷矿粉。其主要成分是磷酸三钙。微溶于水和 2％枸橼酸溶液，须在土壤中逐渐转变为磷酸一钙或磷酸二钙后才能发挥肥效。

一、过磷酸钙

过磷酸钙又称普通过磷酸钙，简称普钙，是用硫酸分解磷矿粉直接制得的磷肥。主要组分是磷酸一钙和硫酸钙（对缺硫土壤有用）。过磷酸钙含有效磷（P_2O_5）14％～20％（其中 80％～95％溶于水），属于水溶性速效磷肥。灰色或灰白色粉料（或颗粒），可直接作为磷肥施用，也可用作制造复合肥料的配料。供给植物磷、钙、硫等元素，具有改良碱性土壤的作用。可用作基肥、种肥和追肥（包括根外追肥）施用。与氮肥混合施用，有固氮作用，可减少氮的损失。过磷酸钙能促进植物的发芽、长根、分枝、结果及成熟。

1. 执行标准　农业用过磷酸钙执行标准 GB/T 20413。

2. 质量要求　农业用过磷酸钙有疏松状和粒状两种产品。

（1）疏松状过磷酸钙。

①外观：疏松状物，无机械杂质。

②疏松状过磷酸钙应符合表 5 - 7 的要求，同时应符合标明值。

表5-7 疏松状过磷酸钙的技术要求

项　目		优等品	一等品	合格品	
				Ⅰ型	Ⅱ型
有效磷（%，以P_2O_5计）	≥	18.0	16.0	14.0	12.0
水溶性磷（%，以P_2O_5计）	≥	13.0	11.0	9.0	7.0
硫（S,%）	≥		8.0		
游离酸（%，以P_2O_5计）	≤		5.5		
游离水（%）	≤	12.0	14.0	15.0	15.0
三氯乙醛（%）	≤		0.000 5		

（2）粒状过磷酸钙。

①外观：颗粒状，无机械杂质。

②粒状过磷酸钙应符合表5-8的要求，同时应符合标明值。

表5-8 粒状过磷酸钙的技术要求

项　目		优等品	一等品	合格品	
				Ⅰ型	Ⅱ型
有效磷（%，以P_2O_5计）	≥	18.0	16.0	14.0	12.0
水溶性磷（%，以P_2O_5计）	≥	13.0	11.0	9.0	7.0
硫（S,%）	≥		8.0		
游离酸（%，以P_2O_5计）	≤		5.5		
游离水（%）	≤		10.0		
三氯乙醛（%）	≤		0.000 5		
粒度（粒径1.00～4.75毫米或3.35～5.60毫米,%）	≥		80		

二、重过磷酸钙

重过磷酸钙主要组分为水溶性的一水磷酸二氢钙 $[Ca(H_2PO_4)_2 \cdot H_2O]$ 和少量游离磷酸,含 P_2O_5 36%~54%,为过磷酸钙的 2~3 倍,故又称双料或三料过磷酸钙,是一种高浓度的磷肥。属水溶性磷肥,即肥料所含的磷易溶于水,能为植物直接吸收利用。外观呈深灰色或灰白色的颗粒或粉末状。属酸性化学肥料。吸湿性和腐蚀性比普通过磷酸钙强,故粉末状产品易板结。

温馨提示

重过磷酸钙忌碱,它与氧化钙反应,能生成磷酸三钙沉淀,从而降低肥效。

重过磷酸钙的有效施用方法与普通过磷酸钙相同,可作为基肥或追肥施用。因有效磷含量比普通过磷酸钙高,其施用量根据需要可以按照五氧化二磷(P_2O_5)含量,参照普通过磷酸钙适量减少。重过磷酸钙属微酸性速效磷肥,是目前广泛使用的浓度最高的单一水溶性磷肥,肥效高,适应性强,具有改良碱性土壤的作用。主要供给植物磷元素和钙元素等,促进植物发芽、根系生长、植株发育、分枝、结果及成熟。可用作基肥、种肥、追肥(含根外追肥)及生产复混肥的原料。既可以单独施用也可与其他养分混合施用,若和氮肥混合施用,具有一定的固氮作用。

1. 执行标准　农业(肥料)用重过磷酸钙执行标准 GB/T 21634。

2. 质量要求　农业(肥料)用重过磷酸钙有粉状和粒状两种产品。

(1)粉状重过磷酸钙。

①外观:有色粉状物,无机械杂质。

②粉状重过磷酸钙的技术指标应符合表 5-9 的要求,同时应符合标明值。

表5-9 粉状重过磷酸钙的技术要求

项 目		Ⅰ型	Ⅱ型	Ⅲ型
总磷（%，以 P_2O_5 计）	≥	44.0	42.0	40.0
水溶性磷（%，以 P_2O_5 计）	≥	36.0	34.0	32.0
有效磷（%，以 P_2O_5 计）	≥	42.0	40.0	38.0
游离酸（%，以 P_2O_5 计）	≤		7.0	
游离水（%）	≤		8.0	

（2）粒状重过磷酸钙。

①外观：有色颗粒，无机械杂质。

②粒状重过磷酸钙的技术指标应符合表5-10的要求，同时应符合标明值。

表5-10 粒状重过磷酸钙的技术要求

项 目		Ⅰ型	Ⅱ型	Ⅲ型
总磷（%，以 P_2O_5 计）	≥	46.0	44.0	42.0
水溶性磷（%，以 P_2O_5 计）	≥	38.0	36.0	35.0
有效磷（%，以 P_2O_5 计）	≥	44.0	42.0	40.0
游离酸（%，以 P_2O_5 计）	≤		5.0	
游离水（%）	≤		4.0	
粒度（粒径 2.00～4.75 毫米，%）	≥		90	

第三节 钾　　肥

钾肥，全称钾素肥料，是以钾为主要养分的肥料。植物体内含钾一般占干物质重的 0.2%～4.1%，仅次于氮。钾在植物生长发育过程中，参与 60 种以上酶系统的活化、光合作用、同化产物的运输、碳水化合物的代谢和蛋白质的合成等过程。钾肥主要有硫酸钾、氯化钾。

一、硫酸钾

硫酸钾（K_2SO_4）是无色结晶体，一般含钾（K_2O）50%～52%，含硫（S）16%。硫酸钾吸湿性小，不易结块，物理性状良好，是很好的水溶性钾肥。硫酸钾也是化学中性、生理酸性肥料，可直接施用，也可用作制造复混肥料的配料。作为一种优质高效钾肥，硫酸钾在烟草、甘薯、甜菜、茶树、马铃薯及各种果树尤其是葡萄等对氯敏感作物的种植中，是不可缺少的重要肥料。

1. 执行标准　硫酸钾执行标准 GB/T 20406。

2. 质量要求

①外观：粉末结晶或颗粒，无机械杂质。

②技术指标：农业用硫酸钾产品应符合表 5-11 的要求，同时应符合标明值。

表 5-11　农业用硫酸钾的技术指标

项　　　目		粉末结晶状			颗粒状	
		优等品	一等品	合格品	优等品	合格品
水溶性氧化钾（K_2O,%）	≥	52	50	45	50	45
硫（S,%）	≥	17.0	16.0	15.0	16.0	15.0
氯离子（Cl^-,%）	≤	1.5	2.0	2.0	1.5	2.0
水分（H_2O,%）	≤	1.0	1.5	2.0	1.5	2.5
游离酸（%，以 H_2SO_4 计）	≤	1.0	1.5	2.0	2.0	2.0
粒度（粒径 1.00～4.75 毫米或 3.35～5.60 毫米,%）	≥	—	—	—	90	90

二、氯化钾

氯化钾（KCl）纯品为白色立方形结晶，生产上一般为粉粒状，含钾（K_2O）60%～63%，含氯（Cl）47.6%。氯化钾具有吸湿性，久存后即结块，易溶于水。可作为基肥和追肥施用，少数对氯敏感的作物一般不宜作为种肥和根外追肥。一般不适用于盐碱土，用于中性和酸性土壤，应与石灰和有机肥合理配施。最适合施于麻类和棉花等纤维作物。

1. 执行标准　肥料用氯化钾执行标准 GB/T 37918。

2. 质量要求

①外观：白色或灰色或红色或褐色，粉末结晶状或颗粒状，无肉眼可见机械杂质。

②技术指标：肥料用氯化钾产品应符合表 5-12 的要求，同时应符合标明值。

表 5-12　肥料用氯化钾的技术指标

项　目		粉末结晶状			颗粒状		
		Ⅰ型	Ⅱ型	Ⅲ型	Ⅰ型	Ⅱ型	Ⅲ型
氧化钾（K_2O,%）	≥	62.0	60.0	57.0	62.0	60.0	57.0
水分（H_2O,%）	≤	1.0	2.0	2.0	0.3	0.5	1.0
氯化钠（NaCl,%）	≤	1.0	3.0	4.0	1.0	3.0	4.0
水不溶物（%）	≤	0.5	0.5	1.5	0.5	0.5	1.5
粒度（%）　粒径1.00～4.75毫米	≥		—			90	
粒径2.00～4.00毫米	≥		—			70	
颗粒平均抗压碎力（N）	≥		—			25.0	

第四节　大量元素水溶肥

水溶肥为经水溶解或稀释，用于灌溉施肥、叶面施肥、无土栽培、浸种蘸根等用途的液体或固体肥料。以大量元素氮、磷、钾为主要成分的液体或固体水溶肥为大量元素水溶肥，可以添加适量中量元素或微量元素。

（一）执行标准

大量元素水溶肥执行标准 NY/T 1107。

（二）质量要求

（1）外观。均匀的液体或固体。液体无明显沉淀和杂质。固体分粉状和颗粒，无明显机械杂质。

（2）技术指标。

①大量元素水溶肥固体和液体产品技术指标应符合表 5-13 的要求，同时应符合包装标识的标明值。

表 5-13 大量元素水溶肥的技术指标

项 目			固体产品	液体产品
大量元素含量[a]		≥	50.0%	400 克/升
水不溶物含量		≤	1.0%	10 克/升
水分（H_2O）含量		≤	3.0%	—
缩二脲含量		≤	0.9%	
氯离子含量[b]	未标"含氯"的产品	≤	3.0%	≤30 克/升
	标识"含氯（低氯）"的产品	≤	15.0%	≤150 克/升
	标识"含氯（中氯）"的产品	≤	30.0%	≤300 克/升

　　a　大量元素含量指总 N、P_2O_5、K_2O 含量之和。产品应至少包含其中 2 种大量元素。单一大量元素含量不低于 4.0% 或 40 克/升。各单一大量元素测定值与其标明值正负偏差的绝对值应不大于 1.5% 或 15 克/升。

　　b　氯离子含量大于 30.0% 或 300 克/升的产品，应在包装袋上标明"含氯（高氯）"标识，氯离子含量可不做检验和判定。

②大量元素水溶肥料中汞、砷、镉、铅、铬限量指标应符合 NY 1110 的要求。

③产品中若添加中量元素养分，须在包装标识注明产品中所含单一中量元素含量、中量元素总含量。

补充说明

• 中量元素含量指钙、镁元素含量之和，产品应至少包含其中一种中量元素。

• 单一中量元素含量不低于0.1%或1克/升。

• 单一中量元素含量低于0.1%或1克/升，不计入中量元素总含量。

• 当单一中量元素标明值不大于2.0%或20克/升时，各元素测定值与其标明值正负偏差的绝对值应不大于40%；当单一中量元素标明值大于2.0%或20克/升时，各元素测定值与其标明值正负偏差的绝对值应不大于1.0%或10克/升。

④产品中若添加微量元素养分，须在包装标识注明产品中所含单一微量元素含量、微量元素总含量。

补充说明

• 微量元素含量指铜、铁、锰、锌、硼、钼元素含量之和，产品应至少包含其中一种微量元素。

• 单一微量元素含量不低于0.05%或0.5克/升。钼元素含量不高于0.5%或5克/升。

• 单一微量元素含量低于0.05%或0.5克/升，不计入微量元素总含量。

• 当单一微量元素标明值不大于2.0%或20克/升时，各元素测定值与其标明值正负偏差的绝对值应不大于40%；当单一微量元素标明值大于2.0%或20克/升时，各元素测定值与其标明值正负偏差的绝对值应不大于1.0%或10克/升。

⑤固体大量元素水溶肥料产品若为颗粒形状，粒度（粒径1.00～4.75毫米或3.35～5.60毫米）应≥90%，特殊形状或更大颗粒（粉状除外）产品的粒度可由供需双方协议商定。

第五节　中量元素水溶肥

以中量元素钙、镁为主要成分的固体或液体水溶肥为中量元素水溶肥，可以添加微量元素。

（一）执行标准

中量元素水溶肥执行标准 NY 2266。

（二）质量要求

（1）外观。均匀的固体或液体。固体无明显机械杂质，液体无明显沉淀和杂质。

（2）技术指标。

①中量元素水溶肥固体和液体产品技术指标应符合表 5-14 的要求，同时应符合包装标识的标明值。

表 5-14　中量元素水溶肥技术指标

项　　目		固体产品	液体产品
中量元素含量	≥	10.0%	100 克/升
水不溶物含量	≤	5.0%	50 克/升
pH（250 倍稀释）		3.0～9.0	3.0～9.0
水分含量	≤	3.0%	—

注：中量元素含量指钙含量或镁含量或钙镁含量之和。含量不低于 1.0%或 10 克/升的钙或镁元素均应计入中量元素含量中。硫含量不计入中量元素含量，仅在标识中标注。

②若中量元素水溶肥中添加微量元素成分，微量元素含量应不低于 0.1%或 1 克/升，且不高于中量元素含量的 10%。

补充说明

　　微量元素含量指铜、铁、锰、锌、硼、钼元素含量之和。含量不低于0.05%或0.1克/升的单一微量元素均应计入微量元素含量中。

　　③中量元素水溶肥中汞、砷、镉、铅、铬限量指标应符合 NY 1110 的要求。

第六节　微量元素水溶肥

　　由铜、铁、锰、锌、硼、钼微量元素按所需比例制成的或单一微量元素制成的液体或固体水溶肥料为微量元素水溶肥。

　　（一）执行标准

　　微量元素水溶肥执行标准 NY 1428。

　　（二）质量要求

　　（1）外观。均匀的液体，均匀、松散的固体。液体无明显沉淀或杂质，固体无明显机械杂质。

　　（2）技术指标。

　　①微量元素水溶肥固体和液体产品技术指标应符合表5-15的要求，同时应符合包装标识的标明值。

表5-15　微量元素水溶肥料技术指标

项　　目		固体产品	液体产品
微量元素含量	≥	10.0%	100 克/升
水不溶物含量	≤	5.0%	50 克/升
pH（250 倍稀释）		3.0～10.0	3.0～10.0
水分	≤	6.0%	—

　　注：微量元素含量指铜、铁、锰、锌、硼、钼元素含量之和。产品应至少包含一种微量元素。含量不低于0.05%或0.5克/升的单一微量元素均应计入微量元素含量中。钼元素含量不高于1.0%或10克/升（单质含钼微量元素产品除外）。

②微量元素水溶肥中汞、砷、镉、铅、铬限量指标应符合 NY 1110 的要求。

第七节　含腐殖酸水溶肥

以适合植物生长所需比例的矿物源腐殖酸，添加适量氮、磷、钾大量元素或铜、铁、锰、锌、硼、钼微量元素而制成的液体或固体水溶肥为含腐殖酸水溶肥。

（一）执行标准

含腐殖酸水溶肥执行标准 NY 1106。

（二）质量要求

（1）外观。均匀的液体或固体。

（2）产品类型。按添加大量、微量营养元素类型将含腐殖酸水溶肥分为大量元素型和微量元素型。其中，大量元素型产品分为固体或液体两种剂型；微量元素型产品仅为固体剂型。

（3）技术指标。

①含腐殖酸水溶肥（大量元素型）固体和液体产品技术指标应符合表 5-16 的要求。

表 5-16　含腐殖酸水溶肥（大量元素型）**技术指标**

项　目		固体产品	液体产品
腐殖酸含量	≥	3.0%	30 克/升
大量元素含量	≥	20.0%	200 克/升
水不溶物含量	≤	5.0%	50 克/升
pH（250 倍稀释）		4.0～10.0	4.0～10.0
水分	≤	5.0%	—

注：大量元素含量指 N、P_2O_5、K_2O 含量之和。产品至少包含 2 种大量元素。单一大量元素含量不低于 2.0% 或 20 克/升。

②含腐殖酸水溶肥（微量元素型）产品技术指标应符合表 5-17 的要求。

表 5 - 17　含腐殖酸水溶肥（微量元素型）技术指标

项　目		指标
腐殖酸（％）	≥	3.0
微量元素（％）	≥	6.0
水不溶物（％）	≤	5.0
pH（250 倍稀释）		4.0～10.0
水分（％）	≤	5.0

注：微量元素含量指铜、铁、锰、锌、硼、钼元素含量之和。产品应至少包含一种微量元素。含量不低于 0.05％的单一微量元素均应计入微量元素含量中。钼元素含量不高于 0.5％。

③含腐殖酸水溶肥中汞、砷、镉、铅、铬限量指标应符合 NY 1110 的要求。

第八节　含氨基酸水溶肥

以游离氨基酸为主体的，按适合植物生长所需比例，添加适量钙、镁中量元素或铜、铁、锰、锌、硼、钼微量元素而制成的液体或固体水溶肥为含氨基酸水溶肥。

（一）执行标准

含氨基酸水溶肥执行标准 NY 1429。

（二）质量要求

（1）外观。均匀的液体或固体。

（2）产品类型。按添加中量、微量营养元素类型将含氨基酸水溶肥分为中量元素型和微量元素型。

（3）技术指标。

①含氨基酸水溶肥（中量元素型）固体和液体产品技术指标应符合表 5 - 18 的要求。

表 5 - 18　含氨基酸水溶肥（中量元素型）技术指标

项　目		固体产品	液体产品
游离氨基酸含量	≥	10.0%	100 克/升
中量元素含量	≥	3.0%	30 克/升
水不溶物含量	≤	5.0%	50 克/升
pH（250 倍稀释）		3.0～9.0	3.0～9.0
水分	≤	4.0%	—

注：中量元素含量指钙、镁元素含量之和。产品应至少包含一种中量元素。含量不低于 0.1% 或 1 克/升的单一中量元素均应计入中量元素含量中。

②含氨基酸水溶肥（微量元素型）固体和液体产品技术指标应符合表 5 - 19 的要求。

表 5 - 19　含氨基酸水溶肥（微量元素型）技术指标

项　目		固体产品	液体产品
游离氨基酸含量	≥	10.0%	100 克/升
微量元素含量	≥	2.0%	20 克/升
水不溶物含量	≤	5.0%	50 克/升
pH（250 倍稀释）		3.0～9.0	3.0～9.0
水分	≤	4.0%	—

注：微量元素含量指铜、铁、锰、锌、硼、钼元素含量之和。产品应至少包含一种微量元素。含量不低于 0.05% 或 0.5 克/升的单一微量元素均应计入微量元素含量中。钼元素含量不高于 0.5% 或 5 克/升。

第六章

浅埋滴灌水肥一体化技术在作物上的应用

第一节　玉米浅埋滴灌水肥一体化栽培技术

一、选地与整地

（一）选地

选择具备灌溉条件的耕地，尤其是具备灌溉条件的沙坨地、地势起伏大的中低产田的耕地上增产潜力更大。

（二）整地

（1）壤土或黏壤土利用大型农机具进行土壤深松（深翻）30厘米以上，随后旋耕灭茬，做到上实下虚。

（2）沙土不进行翻地，采用免耕处理方式。

二、种子选择及处理

（一）品种选择原则

选择适合当地气候和生产条件的高产、多抗、优质及适合机械化种植的玉米品种。

（二）种子包衣

最好选择包衣种子，如果种子无包衣则需要播种前根据当地病虫害发生规律选择适宜的专用种衣剂对种子进行包衣。

三、播种

(一)播期

4月下旬至5月上旬，当5～10厘米土层温度稳定通过8～10℃时，即可播种。

(二)播种

1. 播种机 选用宽窄行浅埋滴灌精量播种机实施机械化精量播种，一次性完成开沟、施肥、播种、铺设浅埋滴灌带、覆土、镇压等工序。

2. 播种深度 播种深度应根据品种特性和土壤类型确定，深浅一致，覆土均匀，镇压后壤土、黏壤土播深3～4厘米，风沙土播深4～5厘米。

3. 播种密度 宽窄行种植，宽行距80～85厘米，窄行距35～40厘米，株距根据密度确定（图6-1）。紧凑型耐密品种播种密度

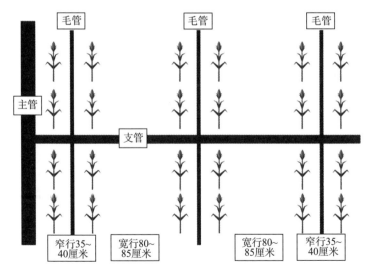

图6-1 玉米浅埋滴灌水肥一体化技术示意
注：毛管浅埋于土壤2～4厘米深处。

4 500 株/亩，收获株数 4 000～4 200 株/亩；半紧凑型大穗品种种植密度 4 200 株/亩，收获株数 3 800～4 000 株/亩。

4. 深施底肥 每亩施入底肥磷酸二铵 15 千克、硫酸钾（$K_2O\geqslant$ 50％）8～10 千克、硫酸锌 1 千克、尿素 3 千克，或等量养分的配方肥。侧深施 10～15 厘米，严禁种、肥混合。

5. 随时检查作业质量 作业过程中，机手和辅助人员要随时检查作业质量，发现问题及时处理。

四、管道铺设与连接

（一）管道的选择

播种后及时铺设主管及支管，如果地中有地埋管的可以利用地埋管，没有地埋管的需在地面铺设主管，主管的选择要根据井的情况而定，机电井需采用直径为 90 毫米或 110 毫米的 PE 水带作为主管，柴油机井需采用直径为 75 毫米的 PE 水带作为主管，支管一般采用直径为 63 毫米的 PE 水带。

（二）管道铺设

两头的支管距离地头不能超过 30 米，田中相邻的支管距离不能超过 80 米，管道设计人员要根据地块、地形、井、泵等因素设计铺设。

（三）滴灌系统连接

播种结束后，及时将主管与支管、支管与滴灌带连接，及时浇水，一次浇透。

五、田间管理

1. 肥料管理 分别在玉米拔节期（6 月 22～25 日）滴施尿素 4～5 千克/亩；大喇叭口期（7 月 20～25 日）滴施尿素 12.5～15 千克/亩；灌浆期（8 月 20～25 日）滴施尿素 3～5 千克/亩和水溶性钾肥 3～5 千克/亩。

2. 水分管理　玉米宽窄行浅埋滴灌带种植全生育期实际灌水量和灌水次数根据当地降雨情况而定，一般补水 5 次左右。其中：苗期适当蹲苗；干旱条件下浇拔节水同时追拔节肥；分别在 7 月上旬（约小喇叭口期）、7 月下旬（大喇叭口至抽雄期）、8 月上旬（抽穗期）、8 月下旬（快速灌浆期和蜡熟期）及时灌溉，每次灌水 20～30 米³/亩（图 6 - 2）。

图 6 - 2　浅埋滴灌水肥一体化玉米浇水

3. 中耕　利用宽窄行中耕机械对宽行进行 2 次中耕，第一次在玉米 4～5 叶期进行，达到增温透气、松土除草的效果；第二次在玉米 8～9 叶期进行，主要以中耕深松为主，达到深松的效果。

浅埋滴灌水肥一体化玉米田间表现见图 6 - 3。

图 6-3　浅埋滴灌水肥一体化玉米田间表现

六、病虫草害防治

(一)化学除草

1. 播后苗前使用苗前除草剂　播种后浇透水,播种后出苗前及时使用苗前除草剂,选择无风天气每亩用 90% 莠去津水分散粒剂 100～150 毫升＋89% 乙草胺乳油 100 毫升,兑水 50 千克均匀喷雾。

2. 茎叶喷雾　以野糜子、马唐为主要田间杂草群落时,推广每亩使用 30% 苯唑草酮悬浮剂 5～7 毫升＋苯唑草酮专用助剂 75～100 毫升,兑水 20 千克均匀喷雾,或 26% 苯唑·莠去津可分散油悬浮剂 200～220 毫升,兑水 20 千克均匀喷雾;以稗草、狗尾草为主要田间杂草群落时,推广每亩使用 36% 硝·烟·莠去津可分散油悬浮剂 120～150 毫升,兑水 20 千克均匀喷雾。

温馨提示

烟嘧磺隆不能用于甜玉米、糯玉米及爆裂玉米田,不能与有机磷类农药混用,用药前后 7 天内不能使用有机磷类农药。

（二）病害

1. 玉米大、小斑病 在玉米抽雄前后当田间病株率达到 70%以上、单株病叶率达到 20% 时，开始喷药。

发病初期每亩用 1 000 亿个芽孢/克枯草芽孢杆菌 15～20 克，兑水 30 千克均匀喷雾；发病中期每亩用 17% 唑醚·氟环唑悬乳剂 50～75 毫升，兑水 30 千克均匀喷雾。

2. 玉米丝黑穗病

（1）种子药剂处理。最好选用 2% 戊唑醇（立克秀）干拌种剂，按种子重量 0.1%～0.15% 的药量进行拌种，也可以选用 25% 三唑酮可湿性粉剂或 15% 三唑醇干拌种剂拌种，按种子重量 0.2%～0.3% 的药量拌种。

（2）田间发现丝黑穗病时，将病株拔除，于田外深埋或烧毁，防止下年传染。

（三）虫害

1. 草地螟 采用化学防治。选用低毒、击倒力强，且较经济的农药进行防治。如每亩可选用 5% 高效氯氰菊酯乳油 50 毫升，或 2.5% 高效氟氯氰菊酯乳油 40 毫升，兑水 30 千克均匀喷雾防治。

2. 玉米螟

（1）处理残存玉米秸秆，防治越冬幼虫。残存的玉米秸秆是玉米螟发生的主要来源，于 5 月底前用粉碎、碾压、沤肥等方法处理残存玉米秸秆，消灭越冬的玉米螟幼虫，减轻危害。

（2）抓住玉米螟成虫羽化这一有利时期，在 5 月下旬前悬挂频振式杀虫灯诱杀成虫，减少虫源。减少玉米螟着卵数量，减轻玉米螟危害。

（3）赤眼蜂防治玉米螟。根据越冬代幼虫的羽化进度及虫情，做出放蜂计划，保证蜂卵相遇。成虫产卵初期是赤眼蜂防治的最佳时期。玉米螟化蛹率达 20% 时，后推 10 天，或根据玉米螟落卵而定，在每亩有 1～2 个卵块时为第一次放蜂适期，间隔 5～7 天再放第二次。每亩释放赤眼蜂 1.5 万头，即第一次每亩释放 0.7 万头，第二次每亩释放 0.8 万头。

（4）投撒白僵菌颗粒剂。在玉米大喇叭口期，田间玉米螟幼虫蛀茎危害前，将白僵菌原粉按 1∶10 与沙子充分混合配成 10% 的颗粒剂，在玉米心叶期逐棵向心叶内投放，每株 1 克（每亩约 4 万亿个孢子）。减轻田间玉米螟幼虫的危害。

3. 黏虫　可选用 2.5% 高效氟氯氰菊酯乳油 2 500 倍液，或 4.5% 高效氯氰菊酯乳油 1 500 倍液，或 40% 辛硫磷乳油＋4.5% 高效氯氰菊酯乳油 500～1 000 倍液，或 3% 高氯·甲维盐微乳剂 3 000 倍液，或 1.8% 阿维·高氯氟乳油 1 500 倍液等进行叶面喷雾防治。

4. 双斑萤叶甲　可选用 4.5% 高效氯氰菊酯乳油 2 000 倍液，或 2.5% 高效氟氯氰菊酯乳油 3 000 倍液均匀喷雾防治。

七、适时收获

（一）玉米完熟的特征

当田间 90% 以上玉米植株茎叶变黄，果穗苞叶枯白而松散，籽粒变硬、基部有黑色层，用手指甲掐之无凹痕，表面有光泽，即可收获。

（二）收获时间

根据气象条件，一般在 9 月末至 10 月初玉米完熟后一周及时收获。

（三）收获方法

1. 收获机械　玉米收获机按行走方式可分为背负式和自走式两种。背负式玉米收获机结构紧凑，价格低廉，且可一次完成摘穗、剥皮、集穗、秸秆放铺或秸秆粉碎回收、还田等作业，效果较好。自走式玉米联合收获机集动力、行走及工作部件于一体，结构紧凑，性能完善，作业灵活，效率高，质量好，但价格较高，有条件的地区可选用。

2. 作业要求 籽粒含水量在30%～35%时，收获时不能直接脱粒，所以一般采用分段收获的方法。第一段收获是指摘穗后直接收集带苞叶或剥皮的玉米果穗和进行秸秆处理；第二段收获是指将玉米果穗在地里或晾晒场上晾晒风干后脱粒。

玉米籽粒含水量在30%以下时，采用玉米联合收割机收穗，作业包括摘穗、剥皮、果穗集箱以及秸秆粉碎。一般果穗损失率≤3%，籽粒破碎率≤2%，苞叶剥净率≥85%，秸秆粉碎长度≤10厘米。

玉米籽粒含水量在25%以下时，采用机械直接收粒并粉碎秸秆。一般综合损失率≤5%，籽粒破碎率≤3%，秸秆粉碎长度≤10厘米。

第二节 高粱浅埋滴灌水肥一体化栽培技术

一、整地

最好进行秋整地，一般前茬作物收获后、土壤封冻前，及时深翻耙地，深度以20～25厘米为宜，尽量做到土壤细碎，上虚下实，同时起大垄。结合秋整地每亩施入2 000千克充分腐熟的农家肥。

没有进行秋整地的，在春季根据土壤条件进行深翻旋耕整地，整地要求达到细、碎、平。

二、选种、播种

1. 选用良种 要实现高粱高产，品种选择是关键，根据土壤状况、气候条件等因素因地制宜进行选择，主要掌握以下原则：一是通过国家登记的品种；二是适合当地土壤条件、气候条件，既能够充分利用温光条件，又能保证安全成熟的品种；三是有针对地选择抗病虫害能力强、产量高的优质品种；四是选择株高适中、顶土能力强、耐密植、穗柄长度适中、不易掉粒的品种。

2. 种子处理

（1）选种晒种。播种前将种子进行挑选，淘汰成熟不好的瘪粒、破碎的籽粒，选择籽粒饱满的成熟种子进行晾晒。

（2）发芽率检测。播种前对高粱种子进行发芽试验，结合发芽率确定适合的播种量。

3. 适时播种　根据地温、品种生育期和土壤墒情确定最佳播种期，一般 10 厘米耕层地温稳定通过 12℃左右为宜，低洼返浆地适当晚播。一次性完成播种、施肥、铺设浅埋滴灌带、覆土、镇压等工序。

4. 合理密植　根据品种特点、种植模式、土壤条件、管理水平等确定亩保苗数，一般短生育期、矮秆型品种亩保苗 1 万～1.2 万株；高秆型品种亩保苗 7 000～8 000 株。一般亩播量 0.35～0.5 千克。采用宽窄行播种方式，宽行距 80～85 厘米，窄行距 35～40 厘米，株距 9.5～16 厘米。播种深度 2～3 厘米。

5. 施足底肥　每亩施入磷酸二铵 10～12.5 千克、硫酸钾 4～5 千克、尿素 2～2.5 千克，或等量养分的配方肥。

三、管道铺设与连接

同玉米浅埋滴灌水肥一体化栽培技术中的管道铺设与连接。

四、田间管理

1. 间苗、定苗　玉米 3～4 叶期进行间苗，按预定株距进行定苗，拔除弱苗。

2. 水肥管理　播种结束后，浇第一次水，浇足浇透，为防止地下害虫啃食滴灌带，结合第一次浇水，滴入防止地下害虫的药剂。拔节期进行第二次浇水施肥，每亩滴入硫酸铵 5～6 千克、尿素 4～5 千克。孕穗期进行第三次浇水施肥，每亩滴入尿素 10～12.5 千克、高钾水溶肥 4～5 千克。

3. 中耕　苗期如果雨水多，地温低，应尽早进行中耕；4～5 叶期再次进行深松浅耘；封垄前进行最后一次中耕。

五、病虫害防治

1. 丝黑穗病　防治高粱丝黑穗病主要有以下几个要点：选用抗病品种；进行合理轮作；应用化学药剂处理种子，可用 60 克/升戊唑醇悬浮种衣剂 50 克处理高粱种子 100 千克。

2. 蚜虫　可以采用 10％吡虫啉可湿性粉剂每亩 30～40 克或 20％啶虫脒可溶粉剂每亩 5～10 克，兑水进行喷雾；也可以采用有机植物源药剂进行防治，如用 5％鱼藤酮悬浮剂 500 倍液或 0.5％藜芦碱可溶液剂 500 倍液进行均匀喷雾。

六、收获

选择适宜的时间进行收割和晾晒，从而确保高粱的高产。收割过早高粱灌浆不足，粒小，造成高粱减产；收割过晚，则会出现高粱倒伏、籽粒脱落等情况，也会造成高粱减产。

第三节　小麦复种荞麦浅埋滴灌水肥一体化栽培技术

一、小麦复种荞麦种植方式及接茬时间

小麦于 3 月底播种，7 月中旬开始收获，收获后及时整地、播种荞麦，两茬作物均应用浅埋滴灌水肥一体化技术（图 6-4），采用 12 行小麦播种机进行播种（图 6-5）。

图 6 - 4　浅埋滴灌水肥一体化小麦田

图 6 - 5　12 行小麦播种机

二、小麦主要栽培技术

1. 选地与整地

（1）选地。为了保证两茬作物都能够正常成熟，选择有效积温
2 600℃地区有水浇条件的耕地。

（2）整地。土壤解冻后，精细整地，结合整地每亩施入充分腐

熟的优质农家肥 1 000 千克。

2. 种子选择及处理 选择通过审定的生育期 100 天左右的高产、优质小麦品种。为预防小麦黑穗病，用 60 克/升戊唑醇按药种比 1∶1 667～1∶3 333 对种子进行包衣处理。

3. 播种 3 月底，当 8～10 厘米土层昼消夜冻时，及时进行播种。采用 12 行小麦播种机（配套铺滴灌带设备）进行播种，12 行小麦铺 3 行滴灌带，行间距 15 厘米，一次性完成播种、施肥、铺设浅埋滴灌带、覆土、镇压等工序。播种深度以 3～4 厘米为宜，播种量一般控制在 20 千克/亩，亩保苗 40 万～45 万株。随播种亩施入 3.5～3.75 千克纯氮、6.25～6.5 千克纯磷、2～2.5 千克纯钾。

4. 管道铺设与连接

（1）管道的选择。播种后及时铺设主管及支管，如果地中有地埋管的可以利用地埋管，没有地埋管的需在地面铺设主管，主管的选择要根据井的情况而定，机电井需采用直径为 110 毫米的 PE 水带作为主管，柴油机井需采用直径为 75 毫米的 PE 水带作为主管，支管一般采用直径 63 毫米的 PE 水带。

（2）管道铺设。两头的支管距离地头不能超过 30 米，田中相邻的支管距离不能超过 60 米，管道设计人员需根据地块、地形、井、泵等因素设计铺设。

（3）滴灌系统连接。播种结束后，及时将主管与支管、支管与滴灌带连接，及时浇水，一次浇透。

5. 水肥管理 浅埋滴灌小麦全生育期实际浇水量和浇水次数根据降雨情况而定（图 6-6）。在小麦生长的关键时期苗期、拔节期、孕穗期分别进行浇水追肥，苗期每亩追施硫酸铵 5 千克加尿素 5 千克；拔节期每亩追施尿素 10 千克加硫酸钾 5 千克；孕穗期每亩追施尿素 5 千克。其他时间视干旱程度进行浇水。在苗期喷施腐殖酸液体肥加微量元素；拔节期喷施磷酸二氢钾。

图 6-6　小麦苗期水肥管理

6. 病虫草害防治　在小麦 3～4 叶期喷施 2,4 -滴丁酯除草；防治病害（锈病、白粉病）每亩可选用 15％三唑酮粉剂 80 克，或 20％三唑酮乳油 50 毫升；防治麦蚜每亩可选用 10％吡虫啉可湿性粉剂 20 克，或 3％啶虫脒乳油 30 毫升，两者交替使用。

7. 收获　及时收获，收获时期一般在蜡熟中末期至完熟中期，选择晴天进行收获。收获的产品要及时晾晒、清扬，入库保存的含水量要低于 13.5％。

三、荞麦主要栽培技术

1. 整地　7 月中旬小麦收获后用旋耕机旋耕，深度以 15～20 厘米为宜。

2. 播种　采用 12 行小麦播种机（配套铺滴灌带设备）进行播种，6 行荞麦铺 3 行滴灌带，行间距 30 厘米，一次性完成播种、施肥、铺设浅埋滴灌带、覆土、镇压等工序。品种为生育期70天的地方品种，播种深度以3厘米为宜，每亩播种量一般控制在3千克，亩保苗10万株。随播种亩施入5千克磷酸二铵加5千克硫酸钾。管道铺设与上茬小麦管道铺设相同。

3. 田间管理

（1）中耕除草。结合除草在苗高8厘米左右时进行第一次中耕；封垄前进行第二次中耕。

（2）水肥管理。在现蕾期浇水并每亩施入尿素5千克，叶面喷施腐殖酸液体肥加硼肥和锌肥；灌浆期浇水并每亩施入高钾水溶肥4～5千克，叶面喷施磷酸二氢钾。

（3）辅助授粉。荞麦是异花授粉作物，为提高授粉结实率，需进行人工辅助授粉，在盛花期每隔3～5天，选择晴天上午9～11点用长布条在荞麦顶部横拉辅助授粉。

4. 收获　荞麦开花期较长，籽粒成熟一致，当全田有70％籽粒成熟时为适宜收获期。在这一时期选择阴天或湿度大的清晨收获。

第四节　马铃薯浅埋滴灌水肥一体化栽培技术

一、选地与整地

（一）选地

选择土层深厚疏松透气的沙壤土或壤土，地块平整。

（二）整地

马铃薯生长要求土壤疏松透气，在栽培上对整地质量要求高，具体有以下两种方式。

1. 翻地　适用于土壤透气性较好的沙壤土。结合施用有机肥进行深翻、旋耕、耙糖。翻地深度25～30厘米，要求深浅一致，使土壤达到"深、松、细、平"的标准。

2. 深松地 适用于土壤有板结情况的壤质土，要求深松 30 厘米以上。深松能够打破犁底层，有效改良土壤，提高土壤的透气性与透水性，深松后进行旋耕、耙耱并施入农家肥。

（三）起垄

起垄有两种模式。单行种植：垄面宽 40 厘米，垄距 90 厘米，垄高 20～25 厘米。大垄双行种植：垄面宽 60 厘米，垄距 120 厘米，垄高 20～25 厘米。

二、种薯选择及处理

（一）种薯选择

1. 选择优质高产抗病品种 根据当地土壤条件、气候条件及市场需求，选择高产、抗病性强、优质的品种。兴安盟主栽品种有大西洋、费乌瑞它、早大白、克新 22、克新 23、冀张薯 8 号等。

2. 选用健康脱毒种薯 为减少病害发生，要求选择脱毒优质种薯，种薯级别达到二级种以上。

（二）种薯处理

种薯处理包括精选、催芽、切块、拌种几个环节。在播种前20～25 天将种薯出窖，选择薯皮光滑、色泽鲜明的健康种薯，在避光空间内与细沙分层相间放置。种薯经过 10 天左右即可萌芽，当幼芽长至 1 厘米左右时立即通风透光，准备切块。切块使用的刀具用 75％酒精或 0.3％高锰酸钾水溶液消毒，做到一刀一沾，每人2～3 把刀轮流使用，当用一把刀切种时，另一把刀浸泡于消毒液中，切完换刀，防止切种过程中传播病害。50 克以下的种薯可整薯播种；51～100 克的种薯，纵向一切两块；101～150 克的种薯，可切为 3～4 块；150 克以上的种薯，可根据芽眼的数量，依芽眼纵斜排列方向从尾部向顶斜切成立体三角形的若干小块，并要有 2 个以上健全的芽眼（图 6 - 7）。切块时充分利用顶端优势，尽量带顶芽。切块应在靠近芽眼的地方下刀，以利发根。切块马铃薯单块重 38～45 克

（2千克种薯切44～52块），每个薯块保证带有2个以上芽眼。

种薯药剂处理：切块后要促进伤口愈合以及防止杂菌感染，用药剂处理是非常必要的。通常用3份甲基硫菌灵＋100份滑石粉处理种薯。每千克混合药剂处理100千克种薯。

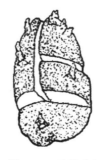

图6-7　马铃薯切块

三、播种

（一）适期播种

当10厘米地温稳定通过7～8℃时即可播种。

（二）播种密度

根据品种特性及栽培方式确定播种密度，早熟品种一般亩保苗4 200～4 500株，晚熟品种一般亩保苗3 500～4 000株，单行种植行距90厘米，株距16～21厘米；双行种植窄行距40厘米，宽行距80～90厘米，株距23～32厘米。

（三）播种深度

播种深度因气候、土壤条件而定，过深过浅都不好，薯块表面距垄面一般为10～12厘米。黏土适当浅播，沙壤土适当深播，但播深不能超过12厘米。

（四）播种方法

按照预先计划的方式起垄后，采用机械播种，随播种一次性完成开沟、播种、覆土、铺设浅埋铺滴灌带等作业程序。

四、管道铺设与连接

同玉米浅埋滴灌水肥一体化栽培技术中的管道铺设与连接。

五、田间管理

(一)水分管理

马铃薯整个生长季节共需水 $400\sim450$ 米^3，土壤的相对湿度不能低于 65%。需水高峰通常出现在播种后的 $60\sim90$ 天，即从播种到盛花期逐渐递增，盛花期达到最大值，块茎膨大期开始逐渐减少。灌溉时间和用水量要依据马铃薯需水规律和土壤墒情、气温、降雨情况等确定，一般在收获前 $7\sim15$ 天停止灌水。

(1)播种后土壤墒情不好，要进行滴灌，土壤湿润深度应控制在 15 厘米以内，水分过大会降低地温影响出苗，造成种薯腐烂。

(2)当出苗达到 20% 时开始第一次中耕培土，将出土的苗全部埋掉，培土厚度 $3\sim5$ 厘米，在培土过程中滴灌管处于滴灌状态，这样不至于压扁影响以后的正常滴灌。这次灌溉土壤湿润深度应在 15 厘米左右，土壤相对湿度保持在 $60\%\sim65\%$。

(3)出苗后 $20\sim25$ 天，块茎开始形成，应使土壤相对湿度保持在 $65\%\sim75\%$，滴灌要求土壤湿润深度为 20 厘米。

(4)根系的有效深度为 60 厘米时，应施用足够的水分保证根系区达到田间最大持水量，滴灌土壤湿润深度达 $40\sim50$ 厘米。

(5)生长中期始终保持植株水分充足直到下一次灌溉开始，采用短时且频繁的灌溉方式，以使土壤水分满足植株的要求。滴灌土壤湿润深度为 $40\sim50$ 厘米。一般 $5\sim7$ 天浇水一次。

(6)生长后期马铃薯需水量下降(茎、根停止生长，土壤被遮蔽，白天变短等)，灌溉间隔的时间可以拉长，滴灌土壤湿润深度达 30 厘米。土壤相对湿度降到 70% 以下。

（7）杀秧前土壤相对湿度应降到 60％以下，以促进块茎成熟及保证块茎的品质。沙性土收获前一周停水。较为黏重的土壤收获前 10～15 天停水。确保地块松软，易于收获。

（二）肥料管理

马铃薯是高产喜肥作物，对肥料的反应极为敏感。氮、磷、钾三要素中，马铃薯需钾肥的量最多，其次是氮肥，再次是磷肥。亩产 1 000 千克块茎时，需要从土壤中吸收 N 4.5～6 千克、P_2O_5 1.7～1.9 千克、K_2O 8～10 千克，氮、磷、钾的需求比例约为 1：0.3：1.7，同时还需要吸收一定量的中微量元素。

温馨提示

马铃薯生产施肥总原则：

有机肥和无机肥相结合，大量元素和微量元素相结合，基肥和追肥相结合，满足马铃薯在全生育期内对各种养分的需求。

1. 农家肥的施用　为了提高土壤肥力，改善土壤结构，结合整地每亩施入充分腐熟的农家肥 1 500～3 000 千克。

2. 化肥分为基肥、追肥施用　马铃薯氮、磷、钾肥总施肥量中，氮肥的 40％做基肥，钾肥的 60％做基肥，磷肥全部做基肥施用。氮肥的 60％、钾肥的 40％做追肥施用。中微量元素以滴灌和喷施为主。

3. 基肥　根据马铃薯对各种营养成分的需求，基肥每亩施用磷酸二铵 20～22.5 千克、硫酸钾 15～17.5 千克、硫酸镁 1 千克，或每亩施用相应养分含量的硫酸钾型三元复合肥 50～60 千克、硫酸镁 1 千克。

4. 追肥　追肥分 3 次进行，苗期每亩追施尿素 7.5～10 千克；现蕾前期每亩追施尿素 10～12.5 千克、硝酸铵钙 7.5～10 千克、高钾水溶肥（含钾量 40％左右）10～12.5 千克；膨大期每亩追施尿素 3～5 千克、高钾水溶肥 5～7.5 千克。

5. **叶面肥**　开花前叶面每亩喷施磷酸二氢钾 100 克、硫酸锌 25 克、硼砂 50 克、调环酸钙 20～40 克。

(三) 中耕培土

马铃薯需要进行二次中耕培土。播种后，田间出苗率达到 20％左右立即进行第一次中耕培土，培土厚度 3～5 厘米，将刚出来的幼苗及杂草全部覆盖住。为防止滴灌带被压扁，中耕时滴灌带要处于滴灌状态。马铃薯幼苗长至 15～20 厘米时，结合滴灌进行第二次中耕培土，培土厚度 5 厘米，垄台尽可能宽大，为将来块茎膨大提供良好的条件。

六、病虫草害防治

(一) 病害防治

1. **早疫病**　在病害发生初期，每亩用 75％肟菌·戊唑醇水分散粒剂 10～15 克，兑水 45～60 升进行叶面均匀喷雾，或 43％氟菌·肟菌酯悬浮剂 15～30 毫升，兑水稀释后均匀喷雾。

2. **晚疫病**　每亩可用 46％氢氧化铜水分散粒剂 25～30 克，或 687.5 克/升氟菌·霜霉威悬浮剂 75～100 毫升，或 40％氟吡菌胺·烯酰吗啉悬浮剂 40～60 毫升，兑水稀释后均匀喷雾。

3. **黑痣病**　在发病初期，每亩用 325 克/升苯甲·嘧菌酯悬浮剂 70～110 毫升，或 42.4％唑醚·氟酰胺悬浮剂 30～40 毫升，兑水稀释后进行沟施喷洒。

(二) 虫害防治

1. **地下害虫防治**　主要防治蛴螬、金针虫等地下害虫，每 100 千克种薯用 10％噻虫胺种子处理悬浮剂 300～400 克/千克拌种，防治蛴螬；用 24％噻虫嗪·氟酰胺·嘧菌酯 160～200 毫升拌种，既可防治金针虫，又可以防治黑痣病。

2. **蚜虫的防治**　播种前种薯处理，每 100 千克种薯用 30％噻虫嗪悬浮剂 40～80 毫升拌种，将药剂用水稀释后喷雾到种薯上并充分搅拌，每 100 千克种薯用水量需控制在 700 毫升以下。在蚜虫发生始期，每亩用 10％氟啶虫酰胺水分散粒剂 35～50 克，兑水稀释后均匀喷雾，或者用 22％氟啶虫胺腈悬浮剂 10～12 毫升、22％噻虫·高氯氟微囊悬浮剂-悬浮剂 10～15 毫升，兑水稀释后均匀喷雾。

（三）草害防治

1. 播后苗前除草　播种后出苗前每亩用 33％二甲戊灵乳油 125～150 毫升或者 960 克/升精异丙甲草胺乳油 100～130 毫升，兑水稀释后进行土壤喷雾。

2. 苗后茎叶除草　马铃薯出苗后，田间禾本科杂草 3～5 叶期施药，每亩用 108 克/升高效氟吡甲禾灵乳油 35～50 毫升，兑水稀释后进行茎叶均匀喷雾；或者于马铃薯苗后株高 10 厘米前，一年生禾本科杂草 1～3 叶期，一年生阔叶杂草 2～4 叶期，每亩使用 23.2％砜·喹·嗪草酮可分散油悬浮剂 70～85 毫升，兑水稀释后进行茎叶均匀喷雾。

温馨提示

　　需要注意的是马铃薯苗高于 10 厘米后严禁使用砜·喹·嗪草酮。

七、适时收获

　　收获前 10～15 天每亩用 200 克/升敌草快水剂 200～250 毫升进行叶面喷雾，一季最多使用一次，如顶端叶片极其浓密，建议使用推荐的最高喷药量。避免在极度干旱天气，特别是土壤干旱导致马铃薯植株顶部叶片萎蔫时施药。秧子完全枯死后及时拆除田间滴灌管道，以便收获。秧子枯死一周后，选择晴天进行收获，收获时尽量减少薯块破皮受损，保证薯块外观光滑。

第五节　大白菜浅埋滴灌水肥一体化栽培技术

一、选地与整地

（一）选地

选择土层深厚疏松透气、排水良好、土质肥沃的壤土或沙壤土。

（二）整地

前茬作物收获后立即进行深耕，在播种前再次进行旋地，作业要求达到土块平整、土壤细碎。结合整地每亩施入腐熟农家肥4 000～5 000 千克。

（三）起垄

大白菜浅埋滴灌种植模式为大垄双行种植：垄面宽 60 厘米，垄距 120 厘米，垄高 20～25 厘米。

二、品种选择

根据当地气候条件及市场需求，选择高产、优质、抗病性强的品种。内蒙古北部秋季大白菜一般选用 80 天左右的青帮直筒型品种，如北京新 3 号等。

三、播种

（一）适期播种

秋季大白菜作为冬储菜和腌渍菜，结球越紧实越好，要求结球期气温低一些，而且要有一定的昼夜温差。播种过早或过晚都不利于正常结球。内蒙古兴安盟地区一般在 7 月 20 日左右播种。

（二）播种密度

根据品种特性和生育期确定播种密度，一般为大行距 80 厘米，小行距 40 厘米，株距 50～60 厘米。

（三）播种方法

采用机械起垄铺滴灌带，随后进行人工播种，"品"字形播种，每穴播种 20 粒左右，播后覆土 1 厘米左右；起垄后也可以进行机械播种、铺滴灌带，机械播种对整地质量和土壤墒情要求较高。

四、管道铺设与连接

同玉米浅埋滴灌水肥一体化栽培技术中的管道铺设与连接。

五、田间管理

大白菜从播种到收获主要有出苗期、幼苗期、莲座期、结球期，在大白菜的不同生育时期采取相应的管理措施是保证大白菜丰产的关键。

（一）水分管理

1. 出苗期 从播种到出齐苗若墒情合适，可不浇水；若高温干旱要注意及时浇水，保持地面湿润，勤浇小水，一般需要 3 水齐苗。

2. 幼苗期 幼苗生长时期，根据天气状况和白菜生长情况灵活浇水，如遇持续高温少雨天气，要进行浇水，降低地温；如气温正常，则应控水，促进根系生长。幼苗期即将结束时，结合定苗，浇一次透水。

3. 莲座期 大白菜莲座期叶片和根系生长最旺盛，叶球分化快，根系也迅速生长，侧根增粗并向纵深发展。此期间，通过中耕控水蹲苗，当心叶开始抱合时，结束蹲苗。

4. 结球期 结球期是大白菜需水量最多的时期，蹲苗结束后浇 1 次水，为防止土壤龟裂，过 2～3 天浇第 2 次水，之后每隔5～6 天浇 1 次水，在收获前 7 天停止浇水。

（二）肥料管理

大白菜在生长过程中对肥料的需求较大，在各个生育期对养分的吸收量不同，苗期较少，莲座期对养分的吸收逐渐增加，结球期最多。每生产 1 000 千克大白菜需吸收氮（N）1.6～2.5 千克，磷（P_2O_5）0.7～1 千克，钾（K_2O）2～4 千克，吸收比例约为 2∶1∶3。大白菜生长发育对中微量元素的需求较高，其中钙和硼表现最为明显。

温馨提示

大白菜生产施肥总原则：

有机肥和无机肥相结合，大量元素和微量元素相结合，基肥和追肥相结合，满足大白菜在全生育期内对各种养分的需求。

1. 施足基肥　亩施入充分腐熟的有机肥 4 000～5 000 千克，复合肥（15-15-15）30 千克。

2. 追肥　通过滴灌进行追肥，追肥分 2 次进行，莲座期亩追施尿素 15～20 千克；结球前期亩追施尿素 10～15 千克、硝酸铵钙 10～15 千克、硫酸钾 10～15 千克。

3. 叶面肥　莲座期喷施磷酸二氢钾、糖醇钙、速效锌、速效硼；结球期喷施尿素、磷酸二氢钾、速效硼。

（三）间苗、定苗、中耕

1. 间苗、定苗　为防止幼苗徒长，在子叶期和 3～4 片真叶期进行 2～3 次间苗，在第 1 对基生叶展开时进行第一次间苗，拔除弱苗、小苗；幼苗长到 3～4 片真叶时进行第 2 次间苗；团棵期进行定苗。

2. 中耕　间苗浇水及时中耕。一般中耕 3 次。第 2 次间苗后进行第 1 次中耕，此次中耕宜浅，划破土面即可，松细土表和铲除杂草；定苗后进行第 2 次中耕，深度为 5～6 厘米，促进根系生长；莲座叶覆满地面以前进行第 3 次中耕，此次中耕宜浅，达到浅锄除草的目的。

大白菜浅埋滴灌水肥一体化栽培长势见图 6-8。

图 6-8　大白菜浅埋滴灌水肥一体化栽培长势

六、病虫草害防治

1. 病害防治

（1）软腐病。用 20％噻唑锌悬浮剂 100～150 毫升/亩，或 20％噻菌铜悬浮剂 75～100 克/亩，或 50％氯溴异氰尿酸可溶粉剂 50～60 克/亩，或 100 亿芽孢/克枯草芽孢杆菌可湿性粉剂 50～60 克/亩，或 6％寡糖·链蛋白 75～100 克/亩进行喷雾防治，最好以上药剂轮换使用。

（2）炭疽病。用 60％唑醚·代森联水分散粒剂 40～60 克/亩进行防治。

（3）霜霉病。用 687.5 克/升氟菌·霜霉威悬浮剂 60~75 毫升/亩，或 20％丙硫唑悬浮剂 40～50 毫升/亩进行防治。

（4）黑斑病。用 10％苯醚甲环唑水分散粒剂 35～50 克/亩，或者 430 克/升戊唑醇悬浮剂 15～18 毫升/亩进行喷雾防治。

（5）根肿病。用 500 克/升氟啶胺悬浮剂 267～333 毫升/亩进行土壤喷雾防治。

（6）黑腐病。用 2％春雷霉素水剂 75～120 毫升/亩进行防治。

2. 虫害防治 大白菜虫害主要有菜青虫、斜纹夜蛾、甜菜夜蛾、跳甲、小菜蛾、蚜虫等。针对不同的害虫选择相应的药剂和剂量能更有效、更安全地进行防治。

（1）小菜蛾。可以选用10%溴氰虫酰胺悬乳剂10～14毫升/亩，或30%甲维·茚虫威悬浮剂5～10毫升/亩进行防治。

（2）蚜虫。可以选用10%溴氰虫酰胺悬乳剂30～40毫升/亩，或22%氟啶虫胺腈悬浮剂7.5～12.5毫升/亩，或5%啶虫脒乳油16～20毫升/亩喷雾防治。

（3）斜纹夜蛾、甜菜夜蛾。斜纹夜蛾可以选用10%溴氰虫酰胺悬乳剂10～14毫升/亩进行防治；甜菜夜蛾可以选用35%虫螨·茚虫威悬浮剂14～20毫升/亩进行防治。

（4）跳甲。可以选用10%溴氰虫酰胺悬乳剂24～28毫升/亩，或100克/升溴虫氟苯双酰胺悬浮剂14～16毫升/亩进行防治。

3. 草害防治 大白菜除草主要以中耕为主，辅助化学药剂加人工除草。化学药剂可选用5%精喹禾灵乳油40～60毫升/亩，进行茎叶喷雾，可以有效防除稗草、野燕麦、马唐、牛筋草、看麦娘、狗尾草等一年生禾本科杂草。

七、适时收获

根据实际情况和市场行情，及时收获。

图书在版编目（CIP）数据

浅埋滴灌水肥一体化技术／张玉珠，陶杰，常国有主编. —北京：中国农业出版社，2022.12（2023.9 重印）
（高素质农民培育系列读物）
ISBN 978-7-109-29893-4

Ⅰ.①浅… Ⅱ.①张… ②陶… ③常… Ⅲ.①滴灌－肥水管理 Ⅳ.①S275.6

中国版本图书馆 CIP 数据核字（2022）第 153999 号

中国农业出版社出版
地址：北京市朝阳区麦子店街 18 号楼
邮编：100125
责任编辑：郭 科
版式设计：杜 然 责任校对：吴丽婷
印刷：北京通州皇家印刷厂
版次：2022 年 12 月第 1 版
印次：2023 年 9 月北京第 2 次印刷
发行：新华书店北京发行所
开本：880mm×1230mm 1/32
印张：3.25
字数：90 千字
定价：28.00 元

版权所有·侵权必究
凡购买本社图书，如有印装质量问题，我社负责调换。
服务电话：010 - 59195115 010 - 59194918